風薫る五月、鯉のぼりが舞う沿線を上野に向かう「はつかり」 東北本線金谷川〜南福島 1982 年 5 月

雪の奥中山を走る E751 系「スーパーはつかり」 東北本線奥中山（現・奥中山高原）〜小繋 2003 年 3 月

新潟カラーのグレードアップ車にはクハ481-1500番台も在籍した　信越本線青海川～鯨波　1994年6月

クハ481は交直流特急のエースだった　北陸本線芦原温泉〜細呂木　1986年11月

雪の北陸本線を走る583系「雷鳥」　北陸本線新疋田〜敦賀　1981年2月

かまぼこ
富山信用金庫

立山連峰と富山市内を背景にすれ違う「白山１号」（手前）と「雷鳥 13 号」　北陸本線呉羽～富山　1981 年 2 月

帯なしロングスカート車も運用された「あずさ」 中央本線高尾〜相模湖 1975年7月

大糸線を走る183系「あずさ」 大糸線神代〜飯森 1987年2月

紅葉の八ヶ岳を背景に走る 183 系グレードアップ車　長坂～小淵沢　1990 年 11 月

名列車
ノスタルジア

183 系は 1994 年までにすべて長野色に変わった　大糸線白馬大池～千国　1993 年 3 月

渓谷の鉄橋を渡る E351 系「スーパー　中央本線四方津～梁川　1995 年 7 月

桃源郷に花咲くころ、富士山を背景に松本へ向かう「スーパーあずさ」 中央本線新府〜穴山　1995 年 5 月

八ヶ岳を望む里山を走る E257 系「あずさ」 中央本線長坂〜小淵沢　2002 年 5 月

国鉄末期に「しなの」は臨時列車で妙高高原まで乗り入れた　信越本線黒姫〜妙高高原　1987 年 1 月

名古屋方に 4 両を増結した 10 両編成で　寝覚の床を走る 381 系「しなの」 中央西線倉本〜上松　1993 年 8 月

カーブが連続する中央西線、振り子車両が威力を発揮する　中央西線木曽平沢～奈良井　1993 年 8 月

183系の「踊り子」は、1985年3月まで運転された　東海道本線早川～根府川　1982年12月

名列車
ノスタルジア

リニューアルにより塗色が変更された185系だが、末期はオリジナル色に戻された　伊豆急行線伊豆大川～伊豆北川　2002年10月

エメラルドグリーンの伊豆の海と 251 系「スーパービュー踊り子」 伊豆急行線川奈～富戸　2004 年 4 月

桜の名所伊豆多賀駅で交換する「スーパービュー踊り子」 伊東線伊豆多賀　1993 年 4 月

白糸川橋梁を渡る EF58 牽引の「踊り子 55 号」　東海道本線根府川〜真鶴　1983 年 2 月

「踊り子」史上最高級列車となる「サフィール踊り子」　東海道本線茅ヶ崎〜平塚　2020 年 3 月

名列車編成表

はつかり・雷鳥・あずさ・しなの・踊り子

結解 学
Kekke Manabu

天夢人
Temjin

はじめに

「のぞみ」「はやぶさ」「かがやき」など、有料座席指定の特急や急行、さらに一部の快速列車には愛称名が付いている。山や川、鳥や自然現象、旧国名など様々で、列車名を聞くだけで、どの方面に向かう列車か想像できるものも多い。

列車に愛称が初めて付いたのは、1929（昭和4）年9月15日で、東海道・山陽本線を走る特急に一般公募で「富士」と「櫻」が採用された。今のようにすべての優等列車に愛称が付いたのは戦後のことで、これまで特急だけだった列車名が、1950（昭和25）年11月に、一部の急行にも付けられた。これ以降、新設される特急や既存の急行、準急にも列車名が付くようになった。

列車に愛称があるだけで、旅の思い出がより深いものとなり、列車名を聞くだけで、「以前乗ったな。あの時の旅だったな」など、記憶を呼び戻すアイテムともなるのは筆者だけではないだろう。

タイトルに「名列車」とうたっているが、名列車のはっきりとした定義はない。筆者が考える名列車とは、自分自身に思い出や憧れを抱かせる列車だと考えている。そのため、この本に掲載されている5列車は、筆者の思い出深いものから独断でピックアップさせていただいた。

この本に登場する国鉄時代の車両には、正面に列車名を掲示したヘッドマークが付いていたが、JR化以降の新型車両はヘッドマークを廃止した車両が多くなっている。近年ホームドアの設置もあり、電車の正面を見る機会が減っているので、用をなさなくなってきたのかも知れないが、列車名は商品の名称と同じで、アピールすることで顧客を集められると思うのだが。

話が逸れてしまったが、本文ではダイヤ改正での変更点などを、その当時の写真と共に解説を行っている。さらに、大きな変化が見られた改正での使用列車と編成も表にしているので、当時の資料としても活用できるかと思われる。

「あの日の列車は、こんな編成だったのか」「グリーン車に乗ったが2号車だったのか」など、読者の方々の記憶が蘇っていただければ、筆者としてもこの上ない喜びです。

2023年12月

名列車編成表
はつかり・雷鳥・あずさ・しなの・踊り子
◉目次

特急「はつかり」

特急「雷鳥」

特急「あずさ」

特急「しなの」

特急「踊り子」

COLUMN

特急「はつかり」

583系13両編成で上野と青森を結んでいた「はつかり」
東北本線金谷川～南福島　1979年10月

「はつかり」は東北初の特急として登場した列車で、長年首都圏と青森を結んで活躍した。東北新幹線開業後は盛岡を起点に函館まで足を延ばしたが、2002（平成14）年に姿を消した。

「はつかり」の登場

1958（昭和33）年10月10日、東北初の特急列車「はつかり」が上野～青森間を常磐線経由で運行を始めた。当初は10月1日の運転開始を予定していたが、9月25日の台風 22 号により東北・常磐線に被害が発生したため、9 日遅れのデビューとなった。
「はつかり」は上野～青森間を 12 時間で結び、車両は尾久客車区（東オク）のスハニ 35、スハ 44、マジ 35、ナロ 10、スハフ 43 客車で、東海道本線の不定期特急「さくら」からの転用車で構成された。同時期に登場した 20 系と同じ青色の車体に 2 本の白帯を巻く塗装とし、新しい東北特急をアピールしたが設備の差は歴然としていた。

3 等車（現在の普通車）は、2 人掛けの固定クロスシートだったため、終着駅では三角線を使用して編成の向きを変える必要があった。上野方では、出発前に尾久客車区～田端操車場～隅田川駅～上野駅と回送し、青森方では到着後に滝内信号所～青森操車場～青森駅の行路で編成を転換した。

牽引機は、上野～仙台間が尾久機関区の C62、仙台～青森間が仙台機関区の C61、盛岡～青森間では盛岡機関区の C60 が前補機を務めた。

時刻は以下で、上野～青森間の所要時間は 12 時間。青森では青函連絡船の 1 便に、上りは 2 便が接続した。

1 レ　はつかり　上野 12 時 20 分→青森 0 時 20 分

2 レ　はつかり　青森 5 時 00 分→上野 17 時 00 分

キハ 80 系への置き換え

客車列車でスタートした「はつかり」は、1959（昭和 34）年 9 月 22 日のダイヤ改正で下りが 32 分、上りが 30 分のスピードアップを行ったが、蒸気機関車牽引ではこれ以上の時間短縮には限界もあり、新型の特急用気動車の開発が進められた。

1960（昭和 35）年 9 月、特急気動車 80 系が登場し、その年の 12 月 10 日から客車に変わって 80 系特急車両の運行が開始された。編成は 9 両で、先頭車のキハ 81 形は独特なボンネットスタイルが採用され、鉄道愛好家からは「ブルドック」の愛称でも呼ばれた。

颯爽とデビューした 80 系だったが、エンジントラブルを起こすなどの初期故障が相次ぎ、新聞紙上では「はつかり、がっかり事故ばっかり」など叩かれる事態ともなった。なお、運転開始時は、余裕を見て客車時代と同じ時刻だった

1961（昭和 36）年 10 月 1 日ダイヤ改正で、「はつかり」から青函連絡船で接続する道内の列車に、函館と旭川を結ぶキハ 80 系特急列車「おおぞら」が登場した。同じキハ 80 系だが先頭車は貫通型のキハ 82 形が使用された。この改正でようやく、「はつかり」

のスピードアップが実施され、下りは10時間25分、上りは10時間30分で上野〜青森を結んだ。

「はつかり」は年々増加する乗客に対応して、1963（昭和38）年4月20日からは1両増結の10両編成となった。この頃の東北地区の特急は、キハ82形の登場で1961（昭和36）年10月に上野〜秋田間に「つばさ」、1962（昭和37）年4月に上野〜仙台間に不定期列車「ひばり」、1963（昭和38）年10月に、「つばさ」に盛岡編成を連結するなど増強が行われていた。

さらに、1964（昭和39）年10月に、上野〜青森間に初の寝台特急「はくつる」が、翌年には常磐線経由の「ゆうづる」と、続々と新特急が誕生するが、全線が電化していない東北本線ではスピードアップや増発に限界があった。

ボンネットスタイルのキハ81形は「ブルドック」の愛称で呼ばれていた　東北本線仙台駅　1966年12月　撮影：結解喜幸

それでも、1965（昭和40）年10月1日の仙台〜盛岡間電化で、東北初の特急用車両483系が投入され、上野〜盛岡間の「やまびこ」、上野〜仙台間の「ひばり」が電車化された。残る盛岡〜青森間の電化も進められており、全線複線電化完成が待たれた。

この改正での「はつかり」は以下の時刻となる。

1D　はつかり　上野13時15分→青森23時40分

2D　はつかり　青森4時35分→上野15時15分

東北本線全線複線電化と583系

1968（昭和43）年10月1日、全国各地で特急列車の増発を含む白紙ダイヤ改正が実施された。東北本線も待望の全線複線電化が完成し、上野から青森まで特急電車の運行が開始された。

「はつかり」は、キハ80系に変わって583系電車となり、常磐線経由が東北本線経由に変わった。気動車時代の1Dは1M「はつかり2号」に、2Dは2M「はつかり1号」を引き継ぐ形となり、このほかに1往復が増発された。東北本線の電化は8月22日に

クハネ 581 形を使用していた時代の「はつかり」 東北本線鶯谷 1969 年 6 月

完成をしていたため、9 月 9 日から 30 日まで常磐線経由の「はつかり」を 583 系に置き換えて使用を開始した。

ダイヤ改正の時刻は以下で、編成は青森運転所の 583 系 13 両編成を使用。

2021M	はつかり 1 号	上野 10 時 15 分→青森 18 時 47 分
1M	はつかり 2 号	上野 15 時 40 分→青森 0 時 10 分
2M	はつかり 1 号	青森 4 時 40 分→上野 13 時 10 分
2022M	はつかり 2 号	青森 9 時 00 分→上野 17 時 32 分

クハネ 583 形の登場

583 系は、関西〜九州間で運用されている 60 Ｈｚ用の 581 系を、50・60 Ｈｚ両用にした車両で、電動車のみが 583 系を名乗り、付随車は 581 系が供用された。先頭車のクハネ 581 形は貫通構造のため、151 系や 481 系がボンネット内部に収納していたＭＧ，ＣＰを運転台後位に機器室を設けそこに設置した。そのため、座席定員も 44 名（寝台使用時は 33 名）と少なく、ＭＧの出力も 150kVA しかなかった。

そこで、新しく開発された小型の 210kVA ＭＧを床下に設置し、ＣＰを助手席下に移設することで、座席定員 52 名（寝台使用時は 39 名）としたクハネ 583 形が 1970（昭

東北新幹線開業前の仙台駅２番線に停車中の下り「はつかり１号」。現在は
ホーム上に東北新幹線のホームが覆いかぶさっている　1972年8月2日

先頭車がクハネ583形に変わった「はつかり」　東北本線久喜（東鷲宮）～栗橋　1975年

和 45）年に誕生した。

当時、東北特急は乗客が増え続けていることや、将来 15 両編成に増強が計画されていたこともあり、MG の容量の大きいクハネ 583 形は青森運転所に配置され、クハネ 581 形は南福岡電車区に転属した。

増発が続く東北特急

1970 年代の日本は、高度経済成長期に入り、特急の利用者は年々増加していいた。東北特急も「ひばり」や「やまびこ」の増発と編成の増強が続いていた。「はつかり」も 1970（昭和 45）年 10 月 1 日ダイヤ改正で、1 往復増発され 3 往復体制となるなど、全国でダイヤ改正ごとに特急が増発される時代だった。

首都圏と北海道を結ぶ連絡ルートは、午前中に上野を出て、函館から夜行急行に、夕方に出て早朝の特急に、夜行で出発して昼前の特急、急行で札幌を目指すパターンが一般的だった。このうち人気なのが、上野を 16 時に出発する 1 M「はつかり 3 号」から連絡船 1 便、函館から 1 D「おおぞら 1 号」のルートで、指定席の入手が困難な列車でもあった。

そこで、山陽新幹線が岡山まで開業した 1972（昭和 47）年 3 月 15 日のダイヤ改正で、急行「十和田 1 号」を特急に格上げして、常磐線経由の「みちのく」が誕生した。車両は「はつかり」と同じ 583 系 13 両編成で、仙台～青森間は「はつかり 3 号」の前を走り、連絡船は 11 便に接続して早朝に函館に到着した。函館からは 11D「北海」、1D「おおぞら 1 号」ともに接続となるので、1M の補完的な役割ともなった。

上りの 12M は「はつかり 1 号」の 3 分後を追う形で、上野着は 42 分遅い 13 時 46 分だったため、長距離移動なら「はつかり 1 号」の指定席が取れなければ「みちのく」でも、という利用者も多かった。

格上げとなった「十和田 1 号」は、1968（昭和 43）年 10 月まで「第 2 みちのく」という列車名で、それ以前はただの「みちのく」だったこともあり、懐かしい列車名の復活となった。

この改正では、「はつかり」のスピードアップも実施され、最速の 2M「はつかり 1 号」は青森～上野間を 8 時間 14 分で走破した。また、23M と 24M がこの改正から東京駅発着となっている。

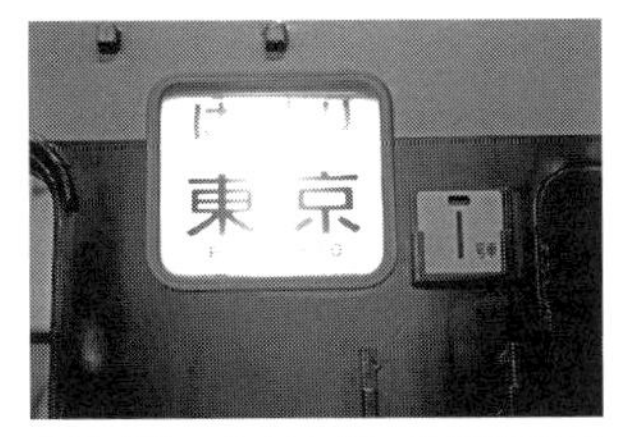

上り「はつかり 3 号」は東京行きとして運転された

常磐線経由の「みちのく」と485系「いなほ」 東北本線上野駅　1975年5月13日

早朝の青森駅で並んだ「みちのく」（手前）と「はつかり1号」。連絡船からの乗客を受け3分の続行運転で上野へ向かう　1972年3月

21M	はつかり 1 号	上野 8 時 05 分→青森 16 時 29 分
23M	はつかり 2 号	東京 10 時 55 分→上野 11 時 05 分→青森 19 時 30 分
1M	はつかり 3 号	上野 16 時 00 分→青森 0 時 15 分
11M	みちのく	上野 14 時 48 分→青森 23 時 45 分
2M	はつかり 1 号	青森 4 時 50 分→上野 13 時 04 分
22M	はつかり 2 号	青森 8 時 45 分→上野 17 時 09 分
24M	はつかり 3 号	青森 14 時 00 分→上野 22 時 20 分→東京 22 時 27 分
12M	みちのく	青森 4 時 53 分→上野 13 時 46 分

485 系「はつかり」の登場

1973（昭和 48）年 3 月 1 日のダイヤ改正で、「はつかり」1 往復が増発されたが、この列車に初めて青森運転所の 485 系が使用された。

青森運転所への 485 系は前年の 10 月から配置が行われ、「白鳥」や仙台運転所運用の「やまびこ」「ひばり」の一部が移管されており、今回「はつかり」への投入が実施された。車両も、1972（昭和 47）年 9 月以降は 485-200 番台となり、当初在籍したボンネットクハ 481-100 番台は向日町に転属し、「はつかり」は貫通型のクハ 481-200 番台が使用された。

ただ、車両の落成が間に合わないこともあり、運行開始は下りが 3 月 24 日、上りが 3 月 25 日で、列車番号も臨時の 8001M「はつかり 3 号」8002M「はつかり 3 号」となったが、実質は毎日運転された。

なお、同年の 4 月 1 日には東京発着の 23M と 24M が上野発着に変更され、東京駅から「はつかり」の姿が消えている。

1973（昭和 48）年 10 月 1 日改正では、485 系の増備が進んだことから、さらに 1 往復が増発され、8001M、8002M も定期列車の列車番号に変更された。

21M	はつかり 1 号	上野 7 時 30 分→青森 16 時 01 分	583 系
23M	はつかり 2 号	上野 9 時 31 分→青森 18 時 01 分	485 系
25M	はつかり 3 号	上野 10 時 30 分→青森 19 時 01 分	583 系
27M	はつかり 4 号	上野 12 時 30 分→青森 21 時 01 分	485 系
1M	はつかり 5 号	上野 16 時 00 分→青森 0 時 15 分	583 系

北へ向かう485系「はつかり」。撮影場所の蕨駅には日本車輌蕨工場へ繋がる専用線があったこともあり、西側にいくつかの側線があった。　1975年5月

蓮田～白岡間の元荒川を渡る485系「はつかり」。現在は橋梁が架け替えられ列車撮影に不向きな場所となってしまった　1975年1月5日

2M	はつかり 1 号	青森 4 時 50 分→上野 13 時 14 分	583 系
22M	はつかり 2 号	青森 8 時 15 分→上野 16 時 44 分	485 系
24M	はつかり 3 号	青森 9 時 15 分→上野 17 時 44 分	583 系
26M	はつかり 4 号	青森 11 時 20 分→上野 19 時 44 分	485 系
28M	はつかり 5 号	青森 14 時 25 分→上野 22 時 56 分	583 系

列車号数の変更と 1 往復の増発

1978（昭和 53）年 10 月 2 日ダイヤ改正で、これまで下りも上りも発車順に 1 から降られていた号数が、新幹線と同じく下りは奇数、上りは偶数となりわかりやすくなったほか、ロール式のヘッドマークが絵入りに変わった。このヘッドマークの交換は 9 月から順次行われたため、10 月ダイヤ改正から使用されなくなる 583 系の「ひばり」などでも数日間絵入りマークが見られた。

「はつかり」の方は、1 往復が 485 系で増発されたほか、仙台、秋田、青森の 485 系編成統一によりグリーン車が 6 号車に変わった。列車の使用車種の変更も行われ、伝統の 1M、2M がこの改正で 485 系に変更されている。

21M	はつかり 1 号	上野 7 時 33 分→青森 16 時 32 分	583 系
23M	はつかり 3 号	上野 8 時 33 分→青森 17 時 25 分	485 系
25M	はつかり 5 号	上野 10 時 03 分→青森 19 時 04 分	583 系
27M	はつかり 7 号	上野 12 時 33 分→青森 21 時 25 分	583 系
29M	はつかり 9 号	上野 13 時 33 分→青森 22 時 25 分	485 系
1M	はつかり 11 号	上野 15 時 30 分→青森 0 時 13 分	485 系
2M	はつかり 2 号	青森 4 時 53 分→上野 13 時 43 分	485 系
22M	はつかり 4 号	青森 8 時 20 分→上野 17 時 10 分	583 系
24M	はつかり 6 号	青森 9 時 20 分→上野 18 時 09 分	583 系
26M	はつかり 8 号	青森 11 時 20 分→上野 20 時 09 分	485 系
28M	はつかり 10 号	青森 12 時 55 分→上野 21 時 42 分	485 系
30M	はつかり 12 号	青森 14 時 25 分→上野 23 時 13 分	583 系

1980（昭和 55）年 10 月 1 日ダイヤ改正では、運行本数に大きな変化はないが、583

桜が満開の東北本線を走る583系「はつかり」 東北本線大河原～船岡　1980年4月20日

絵入りマークに変わった485系「はつかり」 東北本線西平内～浅虫（現・浅虫海岸） 1983年7月

浅虫海岸を走る583系「はつかり」 東北本線浅虫（現・浅虫海岸）～野内　1980年8月

系のグリーン車が485系と同じ6号車に変更された。

東北新幹線開業で「はつかり」は上野から姿を消す

1982（昭和57）年11月15日は、東北新幹線の大宮本格開業と上越新幹線大宮開業による全国的なダイヤ改正となり、東北本線の「やまびこ」（6月23日に廃止）「ひばり」常磐線経由の「みちのく」は全廃、上野～青森間の「はつかり」は、東北新幹線に接続する盛岡～青森間特急に変化した。

運行本数も11往復に拡大され、「はつかり5・18号」は金・土・日曜日は弘前まで延長運転された。編成も485系はグリーン車付の9両編成、秋田運転区（秋アキ）持ちのモノクラス6両編成、583系は上野～青森間時代と変わらない13両編成と3タイプの編成で運行された。583系には食堂車も連結されているが営業は行われていない。

1001M	はつかり1号	盛岡8時30分→青森11時05分	485系9連
1003M	はつかり3号	盛岡9時25分→青森12時00分	485系6連
1005M	はつかり5号	盛岡10時30分→青森13時05分→ 弘前13時50分	485系6連
1007M	はつかり7号	盛岡11時30分→青森14時05分	485系9連

1009M	はつかり 7 号	盛岡 13 時 30 分→青森 16 時 05 分	485 系 6 連
1011M	はつかり 11 号	盛岡 14 時 30 分→青森 17 時 05 分	583 系 13 連
1013M	はつかり 13 号	盛岡 16 時 25 分→青森 19 時 05 分	485 系 6 連
1015M	はつかり 15 号	盛岡 17 時 30 分→青森 20 時 05 分	485 系 6 連
1017M	はつかり 17 号	盛岡 18 時 30 分→青森 21 時 05 分	485 系 9 連
1019M	はつかり 19 号	盛岡 20 時 30 分→青森 23 時 05 分	485 系 6 連
1021M	はつかり 21 号	盛岡 21 時 30 分→青森 23 時 54 分	583 系 13 連

1002M	はつかり 2 号	青森 4 時 53 分→盛岡 7 時 15 分	485 系 9 連
1004M	はつかり 4 号	青森 6 時 40 分→盛岡 9 時 15 分	485 系 6 連
1006M	はつかり 6 号	青森 7 時 40 分→盛岡 10 時 15 分	485 系 9 連
1008M	はつかり 8 号	青森 9 時 40 分→盛岡 12 時 15 分	485 系 6 連
1010M	はつかり 10 号	青 10 時 40 分→盛岡 13 時 15 分	583 系 13 連
1012M	はつかり 12 号	青森 11 時 40 分→盛岡 14 時 15 分	485 系 6 連
1014M	はつかり 14 号	青森 12 時 40 分→盛岡 15 時 15 分	485 系 6 連
1016M	はつかり 16 号	青森 14 時 40 分→盛岡 17 時 15 分	485 系 9 連
1018M	はつかり 18 号	弘前 14 時 58 分→青森 15 時 40 分→ 盛岡 18 時 15 分	485 系 6 連
1020M	はつかり 20 号	青森 16 時 40 分→盛岡 19 時 15 分	583 系 13 連
1022M	はつかり 22 号	青森 17 時 40 分→盛岡 20 時 15 分	485 系 6 連

奥羽本線を走る弘前発盛岡行の「はつかり」 奥羽本線川部～北常盤 1986 年 8 月 14 日

583系12両編成の「はつかり」 東北本線三沢〜小川原 1992年5月

東北新幹線上野開業

1985（昭和60）年3月14日の東北新幹線上野〜大宮間が開業しにより「やまびこ」が増発され、これに接続する「はつかり」も1往復が増発された。車両の受け持ち区の変更も行われ、「はつかり」は全列車を青森運転所持ちに変更、485系はモノクラスの6両編成に統一した。583系は食堂車が外され12両編成となったが、閑散期は9〜11号車のモハネ582＋モハネ583＋サハネ581を外して9両編成で運行された。

1986（昭和61）年11月1日のダイヤ改正では、「はつかり」は2往復増発の14往復となり、最高速度が100km/hから120km/hに引き上げられ、盛岡〜青森間は10分短縮の2時間21分とスピードアップも実施された。ただ、季節列車として青森〜弘前間の延長運転はこの改正で廃止された。

前年のダイヤ改正で12両編成となった583系は、所定が9両編成、多客時に増結して12両編成となり、長大編成の583系も見る機会が減ってきてしまった。

9両編成の短縮された583系　東北本線三沢～小川原　1992年5月

485系にグリーン車復活と函館乗り入れ対策

1987（昭和62）年4月1日、国鉄の分割民営化により「はつかり」はJR東日本の特急列車として再スタートが切られた。当時はバブル期でもあり、モノクラス編成へのグリーン車連結の要望が多かったため、クハ481形を改造して半室をグリーン車としたクロハ481形が誕生した。クロハ481形は前年の5月に、やはりグリーン車の要望が多かった「たざわ」で運行されており、「はつかり」への投入も自然な成り行きだった。

ただし、国鉄時代に改造された「たざわ」用のグリーン車と比べ、JR化以降のクロハ481形（1010番以降）は、グリーン車が16席（たざわ用改造車は12席）に変更され、シートピッチの拡大などアコモ改善が実施された。普通車も半室と隣接する4，5号車の座席がフリーストッパー式に取り換えられるなど、国鉄時代の改造車とはサービス面の差があった。さらに、翌年に控えた青函トンネル対策として、ATC-L型の搭載も合わせて実施された。

青森方先頭車がクロハ481形となった「はつかり」 東北本線小川原～上北町 1992年5月

6両編成の「はつかり」 東北本線小湊～西平内 1992年5月

COLUMN

初日の「はつかり」と「みちのく」

1968（昭和 43）年 10 月 1 日、いわゆるヨン・サン・トオと呼ばれるダイヤ改正が実施され、東北本線全線電化により電車特急「はつかり」が正式にデビューを飾ることとなった。

当時の筆者は、都内に住む小学 4 年生。10 月 1 日は都民の日で、東京都の小中学校はお休みなので、上野10時15分発の「はつかり 1 号」の晴れ姿をぜひ見てみたいと思っていた。上野に行くと親に話すと、「とんでもない。きっと多くの人が見に来ていて、押されて線路に落ちるのが関の山だ」と大反対。どうしてみ行きたいので、友人と行くことを条件に許可が下りた。

さて次は同行者探しだ。鉄道好きの友人を集め、「初めての 583 系だよ。きっとテープカットがあり、前面には花輪の飾りがつくよ。テレビ局も来て写ってしまうかも。絶対に見ないと損だよ」などと話を持ち掛ける。一人が「行っても良い」との返事をもらうが、テープカットや車両に花飾りが付くという情報はなく、勝手な思い込みで話を進めた。

当日は、「はつかり 1 号」の発車する 7 番ホームと反対側の 6 番ホームで入線を待つ。同じ撮影者は 20 人ほど見られる程度で、押されて線路に落ちるような状況ではない。ただ発車ホームにはテープカットの用意もテレビ局もいない。友人は話が違うという顔をしている。

やがて尾久客車区から 583 系が回送でやってきた。ピッカピカの車体はまぶしいぐらいだが、花飾りなどはなく普通の姿だった。停車中の姿などを撮影して発車を見送るが、友人の顔は見ないようにした。

昭和 43 年 10 月 1 日、上野を出発する「はつかり 1 号」。撮影当時は人が写ってしまいガッカリしたが、今となっては良い思い出となった。

ただ、「はつかり１号」の出発後に、5番線にC57牽引の成田行が入線した。お互い蒸気機関車ファンだったので、友人の満足そうな顔に安堵した。

後から知ったことだが、テープカットは青森駅で行われ、上り「はつかり２号」は飾りをつけて上野まで走った。盛岡～青森間の電化がメインなので、地元で行われるのは自然なことだが、小学生には想像できなかった。

山陽新幹線が岡山まで開業した1972（昭和47）年3月15日、常磐線経由青森行の「みちのく」が登場した。「みちのく」といえば急行時代はC62が牽引していた由緒ある列車。これはぜひ見たい。すでに中学生なので親の許可もないが、とりあえず友人を誘ってみた。「伝統の「みちのく」だよ。当日は489系の「白山」もデビューするよ。きっと上野駅では何かが起こるよ」など、これも情報のないまま想像で話すと、同行する友人が現れた。

さて、当時、まずは「白山１号」の撮影から開始する。同胞の撮影者は30～40人ぐらいはいたようだ。案の定、「白山１号」は何事もなく上野を発車した。「記念式典ないね」と友人がぼやくので、「まだ「みちのく」があるさ」と軽く返すが、誘った立場でもあり少し不安がよぎる。

「みちのく」は上野駅でも一番端となる20番線から発車する。ホームに到着したが、やはり式典がある雰囲気ではない。ならば花飾りでもと思うが、やはり普通の姿で入線してきた。友人は「何も起こらないね」と恨めしそうな顔をする。

ならば走りを撮ろうと松戸駅に移動した。通過する「みちのく」を撮影後、帰りの列車を待っていると運よく客車列車がやってきた。意外と空いていてボックスシートに2人で座った。「やっぱり客車はいいよね。旅した気分になれる」と、やはり蒸気機関車ファンの友人が嬉しそうな顔をした。その顔に安堵を覚えた。

運行初日の「みちのく」は20番線から出発した。当時の19、20番線は主に常磐線列車が使用していた。

青函トンネル開業

青函トンネル開業によるダイヤ改正が 1988（昭和 63）年 3 月 13 日に実施され、「はつかり」2 往復が、函館まで直通するようになった。485 系は、全編成が半室グリーン車付の 6 両編成だが、函館に直通できるのは ATC-L 型搭載の 485 系 6 両編成 A1 ～ A6 編成に限られ、そのほかの半室グリーン車付 485 系は、盛岡～青森間の列車や「いなほ」で運用された。583 系も 4 往復が存続し、引き続き盛岡～青森間で使用された。

1990（平成 2）年 3 月 10 日のダイヤ改正では、「はつかり 27・28 号」の 1 往復が、南秋田運転区の 485 系 3 両編成での運用に変わった。「たざわ」と共通運用のためグリーン車の位置が青森運転所の 485 系とは異なり 1 号車となっていた。伝統の東北特急も

青函トンネルの開通で、「はつかり」は函館に足を延ばした　海峡線津軽今別～木古内

ついに3両編成の列車が走るようになるとは、10年前には考えられなかったことだ。

このミニ「はつかり」は、山形新幹線の福島〜山形間が開業した1992（平成4）年7月1日ダイヤ改正で、共通運用の「たざわ」が5両化されたため、「はつかり」も同様に5両化された。ただし、グリーン車の位置は1号車で変わっていない。

485系3000番台の函館行表示

583系の撤退

「はつかり」電車化の立役者でもあった583系が、1993（平成5）年12月1日のダイヤ改正で、ついに定期運用から撤退をした。583系の3往復は485系6両編成に置き換えられたほか、南秋田運転区の485系5両編成は、同年の3月18日に青森運転所の485系6両編成に変えられていたので、すべての「はつかり」が6両編成で統一された。

ただし、485系の車両検査時は「はつかり11・12号」に583系が充当されたので、しばらくはその姿を見ることができた。

485系3000番台登場

JR化以降、各線区には次々と新型車両が登場するのに伴い、国鉄時代に製造された485系はリニューアルをしても、基本的な設備は劣っていた。そこで、485系を新型車並みの設備に改造した485系3000番台が、1986（平成8）年4月21日の「はつかり14号」から運転を開始した。

車体は、前面の形状が大きく変更され、側窓の大きさも拡大されるなど、見た目にも違う車両に思うほどのリニューアルが行われた。最終的に6両編成7本と増結用のモハユニット3組が改造され、一般の485系と共に「はつかり」で使用された。

車両番号は、1000・1500番台からの改造車は元番号に2000を、300番台からの改造車は元番号に3000を足したほか、クロハ481形からの改造車は、それ以前の元番号が使用された。そのため、3000番台はランダムな車両番号となっている。

前面の形状も大きく変わった485系3000番台　東北本線奥中山～小繋　1986年4月

COLUMN

「はつかり」が登場した歌

列車名を歌のタイトルに使った例としては、狩人の「あずさ2号」が有名だが、「はつかり」も2曲に登場している。

一つ目は、1975年5月のリリースされたBUZZ（バズ）の「はつかり5号」で、ストレートに列車名をタイトルにしている。歌は、「はつかり5号」に乗って恋人に会いに行くという内容だ。レコードが発売された当時の「はつかり5号」は、下りは北海道連絡のエースナンバー1M列車、上りは最終の上野行列車だった。歌に登場する列車はなんとなく下り1Mのように感じられるが、歌詞に「上り列車のレールの音」や「終着駅をまぢかにひかえ　ひと駅前から乗ってきた君」とあることから、上りの「はつかり5号」で上野に向かい、大宮から恋人が乗ってきたのを表現しているようだ。

二つ目は、チェリッシュの「はつかり号は北国へ」で、1976年10月に発表されている。やはり上野と青森を結んでいた時代に「はつかり」を題材にしており、タイトル通り北国に向かうので下り列車なのは間違いない。ただ、歌詞の最後に「明日の朝は　窓の雪景色　きれいに見えるでしょう」とあるので、「はつかり」ではなく夜行の「はくつる」か「ゆうづる」が匹敵するような気がするのだが・・・

「スーパーはつかり」の登場

485系3000番台は、設備面では従来の485系を上回ったが、元々昭和50年代に製造された車両のため、主要機器の老朽化が進んでいた。そのため、完全な新車となるE751系6両編成3本が製造された。

E751系は、2000（平成12）年3月11日から盛岡〜青森間の「スーパーはつかり」でデビューを飾った。愛称名が変更されたが、列車番号と号数は「はつかり」と続き番号としたため、1号からの番号ではない。

E751系は、八戸〜青森間で最高速度130km/h運転を行う列車を設定し、盛岡〜青森間が最速1時間58分に短縮された。

E751系は新しい「はつかり」の歴史を刻むかと思われたが、2002（平成14）年12月1日の東北新幹線盛岡〜八戸間開通で、八戸〜青森〜弘前間特急を「つがる」、八戸〜青森〜函館間特急を「スーパー白鳥」「白鳥」と改めたため、「はつかり」の愛称は廃止されてしまった。伝統の愛称名だけに惜しまれるが、新たな特急としての再登場を願いたい。

E751系の「はつかり」は1年半の運転だった　東北本線小湊〜西平内　2000年4月

「はつかり」編成の変遷

1958（昭和33）年10月10日〜

下り◆1レ 上野〜青森

上り◆2レ 青森〜上野

❶ ←青森・上野

1	2	3	4	5	6	7	8	
スハニ 35	スハ 44	スハ 44	スハ 44	マシ 35	ナロ 10	ナロ 10	スハフ 43	東オク

5号車は1959（昭和34）年3月頃よりオシ17に変更

1960（昭和35）年10月10日〜

下り◆1D　上野〜青森

上り◆2D　青森〜上野

❷ ←上野　　青森→

1	2	3	4	5	6	7	8	9	
キハ 81	キロ 80	キロ 80	キサシ 80	キハ 80	キハ 80	キハ 80	キハ 80	キハ 81	東オク

1963（昭和38）年4月20日〜

下り◆1D　上野〜青森

上り◆2D　青森〜上野

❸ ←上野　　青森→

1	2	3	4	5	6	7	8	9	10	
キハ 81	キロ 80	キロ 80	キサシ 80	キハ 80	キハ 80	キハ 80	キハ 80	キハ 80	キハ 81	東オク

1968（昭和43）年9月9日〜

下り◆9001M（常磐線経由）上野〜青森

上り◆9002M（常磐線経由）青森〜上野

❹ ←上野　　青森→

1	2	3	4	5	6	7	8	9	10	11	12	13	
		◇◇		◇◇			◇◇		◇◇				
クハネ 581	サロ 581	モハネ 582	モハネ 583	モハネ 582	モハネ 583	サシ 581	モハネ 582	モハネ 583	モハネ 582	モハネ 583	サハネ 581	クハネ 581	盛アオ

1968（昭和43）年10月1日〜

下り◆2021M（1号）・1M（2号）　上野〜青森

上り◆2M（1号）・2022M（2号）　青森〜上野

5 ←上野 青森→

1	2	3	4	5	6	7	8	9	10	11	12	13	
		◇◇		◇◇			◇◇		◇◇				
クハネ 581	サロ 581	モハネ 582	モハネ 583	モハネ 582	モハネ 583	サシ 581	モハネ 582	モハネ 583	モハネ 582	モハネ 583	サハネ 581	クハネ 581	盛アオ

1970年6月頃より1・13号車が順次クハネ583形に変更

1970（昭和45）年10月1日〜

下り◆2021M（1号）・2023M（2号）・1M（3号）

上り◆2M（1号）・2022M（2号）・2024M（3号）

6 ←上野 青森→

1	2	3	4	5	6	7	8	9	10	11	12	13	
		◇◇		◇◇			◇◇		◇◇				
クハネ 583	サロ 581	モハネ 582	モハネ 583	モハネ 582	モハネ 583	サシ 581	モハネ 582	モハネ 583	モハネ 582	モハネ 583	サハネ 581	クハネ 583	盛アオ

1972（昭和47）年3月15日〜

下り◆21M（1号）・23M（2号）・1M（3号）列車番号変更

上り◆2M（1号）・22M（2号）・24M（3号）列車番号変更

23M・24Mは東京〜青森間運転に変更

583系13連使用。編成は6と同じ

1973（昭和48）年3月1日〜

下り◆21M（1号）・23M（2号）・1M（4号）

上り◆2M（1号）・22M（2号）・24M（4号）

583系13連使用。編成は6と同じ

23M・24Mの東京駅乗り入れは1973年4月1日で中止

下り◆8001M（3号）3月25日から運転開始

上り◆8002M（3号）3月24日から運転開始

7 ←上野 青森→

1	2	3	4	5	6	7	8	9	10	11	12	
		◇◇		◇◇			◇◇		◇◇			
クハ 481	サロ 481	モハ 484	モハ 485	モハ 484	モハ 485	サシ 481	モハ 484	モハ 485	モハ 484	モハ 485	クハ 481	盛アオ

1973（昭和 48）年 10 月 1 日～

下り◆ 221M（1 号）・25M（3 号）・1M（5 号）
上り◆ 2M（1 号）・24M（3 号）・28M（5 号）
583 系 13 連使用。編成は 6 と同じ

下り◆ 23M（2 号）・27M（4 号）
上り◆ 22M（2 号）・26M（4 号）
485 系 12 連使用。編成は 7 と同じ

1978（昭和 53）年 10 月 2 日～

下り◆ 21M（1 号）・25M（5 号）・27M（7 号）
上り◆ 22M（4 号）・24M（6 号）・30M（12 号）
583 系 13 連使用。編成は 6 と同じ

下り◆ 23M（3 号）・29M（9 号）・1M（11 号）
上り◆ 2M（2 号）・26M（8 号）・28M（10 号）

8 ←上野　　青森→

1	2	3	4	5	6	7	8	9	10	11	12	
クハ 481	モハ 484	モハ 485	モハ 484	モハ 485	サロ 481	サシ 481	モハ 484	モハ 485	モハ 484	モハ 485	クハ 481	盛アオ

サロ 481 の 6 号車移動は 1978 年 6 月頃より順次開始

1979（昭和 54）年 10 月 1 日～

下り◆ 21M（1 号）・25M（5 号）・27M（7 号）
上り◆ 22M（4 号）・24M（6 号）・30M（12 号）

下り◆ 23M（3 号）・29M（9 号）・1M（11 号）
上り◆ 2M（2 号）・26M（8 号）・28M（10 号）
485 系 12 連使用。編成は 8 と同じ

1982（昭和 57）年 11 月 15 日～

下り◆ 1001M（1 号）・1007M（7 号）・1017M（17 号）
上り◆ 1002M（2 号）・1006M（6 号）・1016M（16 号）

10 ←盛岡　　青森→

1	2	3	4	5	6	7	8	9	
	◇◇		◇◇			◇◇			
クハ481	モハ484	モハ485	モハ484	モハ485	サロ481	モハ484	モハ485	クハ481	盛アオ

下り◆1003M（3号）・1005M（5号）・1009M（9号）・1013M（13号）・1015M（15号）・1019M（19号）
上り◆1004M（4号）・1008M（8号）・1012M（12号）・1014M（14号）・1018M（18号）・1022M（22号）

11 ←盛岡・弘前　　青森→

1	2	3	4	5	6	
	◇◇		◇◇			
クハ481	モハ484	モハ485	モハ484	モハ485	クハ481	秋アオ

下り◆1011M（11号）・1021M（21号）
上り◆1010M（10号）・1020M（20号）

12 ←盛岡　　青森→

1	2	3	4	5	6	7	8	9	10	11	12	13	
	◇◇		◇◇				◇◇		◇◇				
クハネ583	モハネ582	モハネ583	モハネ582	モハネ583	サロ581	サシ581	モハネ582	モハネ583	モハネ582	モハネ583	サハネ581	クハネ583	盛アオ

1985（昭和60）年3月14日～

下り◆1001M（1号）・1003M（3号）・1005M（5号）・1013M（13号）・1017M（17号）・1019M（19号）・1021M（21号）
上り◆1004M（4号）・1008M（8号）・1012M（12号）・1016M（16号）・1020M（20号）・1022M（22号）・1024M（24号）

13 ←盛岡・弘前　　青森→

1	2	3	4	5	6	
	◇◇		◇◇			
クハ481	モハ484	モハ485	モハ484	モハ485	クハ481	盛アオ

下り◆1007M（7号）・1009 M（9号）・1011 M（11号）・1015 M（15号）・1023 M（23号）
上り◆1002 M（2号）・1006 M（6号）・1010 M（10号）・1014 M（14号）・1018 M（18号）

14 ←盛岡　　青森→

1	2	3	4	5	6	7	8	9	10	11	12	
	◇◇		◇◇			◇◇		◇◇				
クハネ583	モハネ582	モハネ583	モハネ582	モハネ583	サロ581	モハネ582	モハネ583	モハネ582	モハネ583	サハネ581	クハネ583	盛アオ

1986（昭和 61）年 11 月 1 日～

下り◆ 1001M（1 号）・1005M（5 号）・1009M（9 号）・1013M（13 号）・1015M（15 号）・1019M（19 号）・1021M（21 号）・1023M（23 号）・1025M（25 号）

上り◆ 11004M（4 号）・1006M（6 号）・1010M（10 号）・1014M（14 号）・1016M（16 号）・1020M（20 号）・1024M（24 号）・1026M（26 号）・1028M（28 号）

485 系 6 連使用。編成は 13 と同じ

下り◆ 1003M（3 号）・1007M（7 号）・1011M（11 号）・1017M（17 号）・1027 M（27 号）

上り◆ 1002 M（2 号）・1008 M（8 号）・1012 M（12 号）・1018 M（18 号）・1022 M（22 号）

多客時は 12 両に増強

1987（昭和 62）年 10 月 6 日～

485 系編成に半室グリーン車を順次導入。

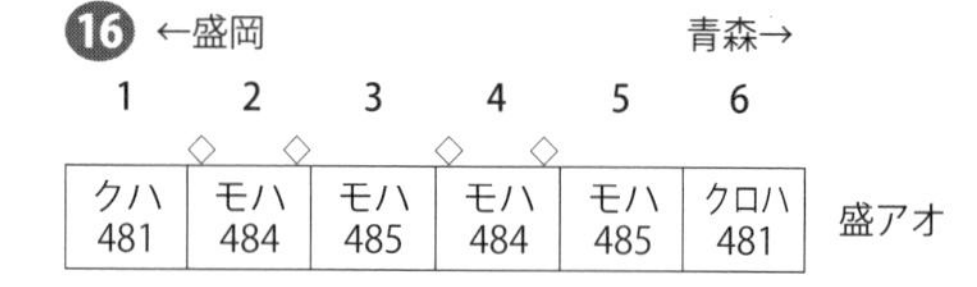

1988（昭和 63）年 3 月 13 日～

下り◆ 1003M（3 号）・1005M（5 号）・1007M（7 号）・1009M（9 号）・1015M（15 号）・1019M（19 号）・1021M（21 号）・1023M（23 号）・1025M（25 号）・1027M（27 号）

上り◆ 1004M（4 号）・1006M（6 号）・1008M（8 号）・1010M（10 号）・1016M（16 号）・1020M（20 号）・1022M（22 号）・1024M（24 号）・1026M（26 号）・1028M（28 号）

1005M・1019M・1010M・1026M は盛岡～函館間

485 系 6 連使用。編成は 16 と同じ

下り◆ 1001M（1 号）・1011M（11 号）・1013M（13 号）・1017M（17 号）

上り◆ 1002M（2 号）・1012M（12 号）・1014M（14 号）・1018M（18 号）

583 系 9 連使用。編成は 15 と同じ

1990（平成 2）年 3 月 10 日～

下り◆ 1001M（1 号）・1005M（5 号）・1007M（7 号）・1009M（9 号）・1019M（19 号）・1021M（21 号）・1023M（23 号）・1025M（25 号）
上り◆ 1002M（2 号）・1006M（6 号）・1008M（8 号）・1010M（10 号）・1020M（20 号）・1022M（22 号）・1024M（24 号）・1026M（26 号）
485 系 6 連使用。編成は 16 と同じ

下り◆ 1003M（3 号）・1011M（11 号）・1013M（13 号）・1015M（15 号）・1017M（17 号）
上り◆ 1004M（4 号）・1012M（12 号）・1014M（14 号）・1016M（16 号）・1018M（18 号）
583 系 9 連使用。編成は 15 と同じ

下り◆ 1027M（27 号）
上り◆ 1028M（28 号）

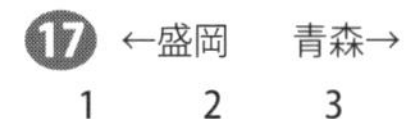

クロハ 481	モハ 484	クモハ 485	秋アキ

1992（平成 4）年 7 月 1 日～

下り◆ 1001M（1 号）・1003M（3 号）・1005M（5 号）・1007M（7 号）・1009M（9 号）・1015M（15 号）・1019M（19 号）・1021M（21 号）・1023M（23 号）・1025M（25 号）
上り◆ 1002M（2 号）・1004M（4 号）・1006M（6 号）・1008M（8 号）・1010M（10 号）・1016M（16 号）・1020M（20 号）・1022M（22 号）・1024M（24 号）・1026M（26 号）
485 系 6 連使用。編成は 16 と同じ

下り◆ 1011M（11 号）・1013M（13 号）・1017M（17 号）
上り◆ 1012M（12 号）・1014M（14 号）・1018M（18 号）
583 系 9 連使用。編成は 15 と同じ

下り◆ 1027M（27 号）
上り◆ 1028M（28 号）

18 ←盛岡　青森→

1	2	3	4	5	
クロハ 481	モハ 484	モハ 485	モハ 484	クモハ 485	秋アキ

1993（平成5）年3月18日～

下り◆1001M（1号）・1003M（3号）・1005M（5号）・1007M（7号）・1009M（9号）・1015M（15号）・1019M（19号）・1021M（21号）・1023M（23号）・1025M（25号）・1027M（27号）

上り◆1002M（2号）・1004M（4号）・1006M（6号）・1008M（8号）・1010M（10号）・1016M（16号）・1020M（20号）・1022M（22号）・1024M（24号）・1026M（26号）・1028M（28号）

485系6連使用。編成は16と同じ

下り◆1011M（11号）・1013M（13号）・1017M（17号）

上り◆1012M（12号）・1014M（14号）・1018M（18号）

583系9連使用。編成は15と同じ

1993（平成5）年12月1日～

下り上り◆1001M（1号）～1028M（28号）

485系6連使用。編成は16と同じ

1996（平成8）年4月21日から485系3000番台リニューアル車運用開始

⑲ ←盛岡・函館　青森→

1	2 ◇	3 ◇	4 ◇	5 ◇	6	
クハ 481-3000	モハ 484-3000	モハ 485-3000	モハ 484-3000	モハ 485-3000	クロハ 481-3000	盛アオ

485系3000番台の「はつかり」

1998（平成 10）年 12 月 8 日～

下り上り◆ 1041M（41 号）・1001M（1 号）～ 1028M（28 号）

485 系 6 連使用。編成は 16・19 と同じ

2000（平成 12）年 3 月 11 日～

下り◆ 1041M（41 号）・1001M（1 号）・1005M（5 号）・1009M（9 号）・1013M（13 号）・1017M（17 号）・1021M（21 号）・1025M（25 号）

上り◆ 1002M（2 号）・1006M（6 号）・1010M（10 号）・1014M（14 号）・1018M（18 号）・1022M（22 号）・1026M（26 号）

485 系 6 連、3000 番台と共通使用。編成は 16・19 と同じ

以下の列車名は「スーパーはつかり」E 751 系使用列車

下り◆ 1003M（3 号）・1007M（7 号）・1011 M（11 号）・1015 M（15 号）・1019 M（19 号）・1023 M（23 号）・1027 M（27 号）

上り◆ 1004 M（4 号）・1008 M（8 号）・1012M（12 号）・1016 M（16 号）・1020 M（20 号）・1024 M（24 号）・1028 M（28 号）

20 ←盛岡　　　　　　　　　　青森→

1	2	3	4	5	6	
クハ E751	モハ E750	〉モハ E751	モハ E750	〉モハ E751	クロハ E750	盛アオ

E751 系の「スーパーはつかり」

特急「雷鳥」

クハ481-100番台を先頭に大阪に向かう「雷鳥」 北陸本線細呂木～牛ノ谷 1981年2月

「雷鳥」は「しらさぎ」と共に北陸本線初の電車特急。日本初の交直両用特急型481系を使用し、後に日本全国を駆け回った485系の基となる列車でもある。

481系のデビューと「雷鳥」

昭和30年代、国鉄は幹線を主体に電化工事が行われ、東海道線は1956（昭和31）年に全線が電化され、山陽本線も1963（昭和39）年に直流による全線電化が完成した。

さらに国鉄は、幹線の電化を急ぐため、変電所設備が少ない交流電化の研究が進められ、実用化の目途が立ったことから、北海道、東北、北陸、九州は交流で電化することとした。

北陸本線は、田村以遠を交流で電化することとし、1963（昭和38）年4月に金沢、そして1964（昭和39）年8月に富山まで達していた。東北・常磐・鹿児島本線でも交流電化は徐々に延伸しており、直流と交流区間を直通する車両も続々と製造されていた。電車では、近郊型の401・421系、急行型では451・471系がすでに営業運転を開始しており、いよいよ特急型の出番となった。

富山電化に合わせて、1964（昭和39）年10月1日の時刻改正から大阪、名古屋と富山を結ぶ特急の運転が計画された。車両は直流特急車151系の交直両用版の481系で、優雅なボンネットスタイルも引き継がれたが、ステップが付いた分車高が高くなった。前面の塗装もスカートが赤く塗られたため、151系との区別がつきやすかった。編成は11両で、1等車（当時）2両と食堂車も組み込まれた。

運行開始は当初10月1日を予定していたが、車両の落成が間に合わず、12月25日からとなった。車両の配置は大阪鉄道管理局向日町運転所（大ムコ）で、大阪を12時30分に出た「雷鳥」が富山到着後に「しらさぎ」として名古屋へ、翌日名古屋から富山へ「しらさぎ」で戻り、富山から「雷鳥」で大阪に18時20分に到着する2日間の運用だった。

2001M　大阪12時30分→金沢16時20分→富山17時15分

2002M　富山13時35分→金沢14時30分→大阪18時20分

山陽・九州特急との共通運用

481系は「雷鳥」「しらさぎ」用として1964（昭和39）年度に41両が配置されたが、翌年度にも56両が増備された。これにより1965（昭和40）年10月1日のダイヤ改正から山陽・九州間の特急「つばめ」「はと」での運用も開始したほか、1966（昭和41）年10月1日改正で「雷鳥」1往復の増発も行われた。その際に運用は以下となるが、7日間で北陸や九州を往復するため、481系にとって過酷な仕業の始まりとなった。

1運用　向日町〜回送〜大阪1800〜（2003M「第2雷鳥」）〜富山2240
2運用　富山645〜（2002M「第1雷鳥」）〜大阪1130

大阪 1240 ～（2001M「第 1 雷鳥」）～ 富山 1710
富山 1810 ～（2012M「しらさぎ」）～ 名古屋 2235 ～（回送）～ 大垣
3 運用　大垣～（回送）～名古屋 915 ～（3M「つばめ」）～熊本 2206
4 運用　熊本 805 ～（4M「つばめ」）～名古屋 2052 ～（回送）～大垣
5 運用　大垣～（回送）～名古屋 800 ～（2011M「しらさぎ」）～富山 1225
富山 1335 ～（2004M「第 2 雷鳥」）～大阪 1820 ～（回送）～向日町
6 運用　向日町～（回送）～ 新大阪 1330 ～（5M「はと」）～ 博多 2215 ～（回送）～ 南福岡
7 運用　南福岡～（回送）～ 博多 755 ～（6M「はと」）～ 新大阪 1640 ～（回送）～ 向日町

ひげとスカート

1965 年の 481 系増備と同時に、東北本線の「やまびこ」「ひばり」用の 483 系が誕生した。481 系は交流 60Hz 用、483 系は交流 50Hz 用の車両で、周波数が異なるために形式を分けているが、483 系は電動車のみが名乗り付随車は 481 系と共通とした。

この際、クハ 481-9 以降はスカートの塗分けを変え、50Hz 用はクリーム一色、60Hz 用は赤スカート上部にクリームの帯を入れたほか、ボンネット先端にひげが付けられ、ひげなし赤スカートだったクハ 481-1 ～ 8 も順次塗り替えが進められた。

後に 50・60Hz 両用の 485 系として誕生したクハ 481 は、スカートをクリーム一色としたので、国鉄色のボンネット「雷鳥」は、3 つの塗装が存在したことになる。

なお、このひげのある赤スカート車は、1975（昭和 50）年 3 月 10 日ダイヤ改正で全車が九州に転属しているので、「雷鳥」での活躍もこの時までだった。筆者が北陸本線沿線で写真を撮り始めたのは 1975（昭和 50）年 2 月頃からなので、出会っている可能性は高いが、ネガを見るとクリームスカートか 200 番台ばかりで縁がなかったようだ。

キハ 80 系の「臨時雷鳥」

「雷鳥」は 481・485 系のイメージが強い。途中で 489 系や 583 系も加わるが、最後まで 485 系が守り続けた列車だ。そんな「雷鳥」にもイレギュラーな車両が使用されたことがある。

1967（昭和 42）年 3 月 18 日から大阪～金沢間に設定された「臨時雷鳥」は、金沢運転所のキハ 80 系が使用された。このキハ 80 系は上野～金沢を結んだ「はくたか」の間合い運用で、上野からの「はくたか」が金沢到着後、すぐに「臨時雷鳥」として大阪へ、

485系12連に増強された時代の「雷鳥」 北陸本線細呂木～牛ノ谷 1977年7月30日

翌日は午前中に「臨時雷鳥」として金沢到着後、上野へ「はくたか」で向かうという運用だった。

多客期を中心に設定され、信越本線、北陸本線全線電化により「はくたか」が485系に変わる直前の1969（昭和44）年9月まで運転された。なお、列車名は1968（昭和43）年1月から「第3雷鳥」、1968（昭和43）年10月からは「雷鳥51号」と改名された。

編成は、以下となる。

9001D・9002D （1968（昭和43）年10月1日からは8001D・8002D）

←大阪 **金沢→**

1	2	3	4	5	6	7
キハ82	キロ80	キシ80	キハ80	キハ80	キハ80	キハ82

増え続ける「雷鳥」

1968(昭和43)年10月1日ダイヤ改正では、1往復が増発され、列車号数の呼び方が、「第1雷鳥」から「雷鳥1号」のように列車名+号数に変わった。この改正から米原〜金沢間で120km/h運転が行われるようになったため、大阪〜富山間が4時間15分、大阪〜金沢間が3時間27分に短縮された。

「雷鳥」の増発は、毎年のように実施され、山陽新幹線の岡山開業による1972(昭和47)年3月15日ダイヤ改正では8往復に達した。この際、車両の落成が間に合わず、下り4号、上り7号は、6月4日からの定期運行とし、それまでは51号として臨時列車として運転された。

この改正での注目点は、下り5・8号、上り1・8号に489系12連が使用されていることだ。489系は信越本線の横川〜軽井沢間の碓氷峠で、EF63形からの指令制御を受けて総括運転が可能な車両として誕生した。この改正で新たに登場した上野〜金沢間の特急「白山」で使用するため、配置区の向日町運転所から「雷鳥」を使用して金沢に送り込む運用が組まれた。実際の運用は以下となる。

21運用　**向日町〜(回送)〜大阪〜(4025M　雷鳥8号)〜富山〜(回送)〜金沢**
22運用　**金沢〜(3006M　白山)〜上野〜(3005M　白山)〜金沢**
23運用　**金沢〜(回送)〜富山〜(4012M　雷鳥1号)〜大阪〜(4019M　雷鳥5号)〜富山〜(4026M　雷鳥8号)〜大阪〜(回送)〜向日町**

1972(昭和47)年10月2日のダイヤ改正で2往復が増発され、「雷鳥」は10往復運転に。1973(昭和48)年7月1日からは489系が金沢運転所に転属するが、「雷鳥」運用は存続した。その後は、大きな変更はなく1975(昭和50)年のダイヤ改正を迎えることとなる。ダイヤ改正ごとの運転本数と編成は末尾の表を参照してほしい。

489系を使用した「雷鳥」。先頭はクハ489-203　北麓本線新疋田～敦賀　1976年4月3日

COLUMN

過酷な運用だった向日町の485系

山陽新幹線開業前の向日町運転所は、山陽・九州から北陸方面の特急列車を受け持ち、その運用は広範囲に及んでいた。1973（昭和48）年10月1日には西鹿児島（現在の鹿児島中央）へ、1974（昭和49）年4月25日の日豊本線南宮崎電化では、宮崎行まで足を延ばした。大阪と青森を結ぶ「白鳥」もすでに485系で運行されていたため、青森から西鹿児島まで485系だけで移動できたほどで、今では信じられないような在来線特急全盛期だった。

その全盛期となる1974（昭和49）年4月25日運用を紹介しよう。向日町運転所の485系は11両編成33本、予備車44両の407両が配置されていた。使用列車名は「雷鳥」「しらさぎ」「はくたか」「つばめ」「はと」「しおじ」「みどり」「日向」「なは」「にちりん」と10列車にも及んだ。

［1運用］ 向日町～大坂～(4029M　雷鳥10号)～富山
［2運用］ 富山～(24M しらさぎ2号)～名古屋～神領～名古屋～(27 M しらさぎ4号)～富山
［3運用］ 富山～(4018 M　雷鳥4号)～大阪～(4015 M　雷鳥3号)～富山
［4運用］ 富山～(22 M　しらさぎ1号)～名古屋～神領～名古屋～(25 M　しらさぎ3号)～富山～(4030 M　雷鳥10号)～大阪～向日町
［5運用］ 向日町～大坂～(4017 M　雷鳥4号)～富山
［6運用］ 富山～(4012 M　雷鳥1号)～大阪～(4019 M　雷鳥5号)～富山～(4028 M　雷鳥9号)～大阪～向日町
［7運用］ 向日町～大坂～(4015M　雷鳥3号)～金沢～(3002 M　はくたか)～上野～東大宮
［8運用］ 東大宮～上野～(3001 M　はくたか)～金沢～(4024M　雷鳥7号)～大阪～向日町
［9運用］ 向日町～大坂～(4017M　雷鳥4号)～富山～(28 M　しらさぎ4号)～名古屋～神領
［10運用］ 神領～名古屋～(21 M　しらさぎ1号)～富山～(4020 M　雷鳥5号)～大阪～向日町
［11運用］ 向日町～大坂～(4011M　雷鳥1号)～富山～(4022 M　雷鳥6号)～大阪～向日町
［12運用］ 向日町～大阪～(33M　みどり1号)～大分～下郡
［13運用］ 下郡～大分～(1036M　みどり1号)～岡山～(3027M　はと4号)～下関
［14運用］ 下関～(3024M　はと4号)～岡山～(1015M　つばめ6号)～博多～南福岡
［15運用］ 南福岡～博多～(1026M　つばめ2号)～岡山～(1017M　つばめ7号)～熊本～川尻
［16運用］ 川尻～熊本～(1018M　つばめ3号)～岡山～(3025M　はと3号)～下関
［17運用］ 下関～(3004M　しおじ3号)～新大阪～向日町～新大阪～(3013M　しおじ5号)～広島
［18運用］ 広島～(3014M　しおじ1号)～新大阪～向日町～新大阪～(3003M　しおじ3号)～下関

大分と大阪を結んだ長距離特急「みどり」 山陽本線広島駅　1974 年 8 月

岡山〜下関特急「はと」 山陽本線瀬野〜八本松　1975 年 2 月

［19 運用］　下関〜（3028M　はと 2 号）〜岡山〜（1015M　つばめ 5 号）〜熊本〜川尻
［20 運用］　川尻〜熊本〜（1016M　つばめ 4 号）〜岡山〜（1027M　つばめ 8 号）〜博多〜南福岡
［21 運用］　南福岡〜博多〜（4013M　にちりん 1 号）〜宮崎〜南宮崎〜宮崎〜（4014M　にちりん 2 号）〜博多〜南福岡
［22 運用］　南福岡〜博多〜（1028M　つばめ 1 号）〜岡山〜（1023M　つばめ 4 号）〜博多〜南福岡
［23 運用］　南福岡〜博多〜（1022M　つばめ 5 号）〜岡山〜（3029M　はと 5 号）〜下関
［24 運用］　下関〜（3006M　しおじ 2 号）〜新大阪〜向日町〜新大阪〜（3005M　しおじ 4 号）〜下関
［25 運用］　下関〜（3026M　はと 3 号）〜（岡山〜（3023M　はと 2 号）〜下関
［26 運用］　下関〜（3030M　はと 1 号）〜（岡山〜（1035M　みどり 2 号）〜宮崎〜南宮崎
［27 運用］　南宮崎〜宮崎〜（34M　みどり 2 号）〜新大阪〜向日町
［28 運用］　向日町〜大阪〜（31M　日向）〜宮崎〜南宮崎
［29 運用］　南宮崎〜宮崎〜（32M　日向）〜大阪〜向日町
［30 運用］　向日町〜大阪〜（3001M　しおじ 1 号）〜下関〜（3002M　しおじ 5 号）〜大阪〜向日町
［42 運用］　向日町〜大阪〜（1M　なは）〜西鹿児島
［43 運用］　西鹿児島〜（2M　なは）〜大阪〜向日町

山陽新幹線博多開業と北陸特急

山陽新幹線の博多延伸に伴う1975（昭和50）年3月10日ダイヤ改正では、大阪、岡山と九州方面を結んだ昼行特急が全廃され、481系グループと一部の485系が鹿児島運転所に転属した。これにより、向日町の485系は北陸方面の運用が主となった。

大阪から北陸に向かう特急は、この改正から湖西線経由となりスピードアップが計られ、「雷鳥」は2往復増発され12往復となったが、このうち5往復は金沢運転所の489系が使用された。

金沢運転所には485系が新製配置され、米原～金沢・富山間に特急「加越」が6往復設定された。編成はサロ481を中央に組み込んだ7両編成で、北陸特急で初めて食堂車のない列車となった。

1976（昭和51）年6月には、サハ481形13両が向日町運転所に新製配置され、11両編成の「雷鳥」が12両編成に増強された。

7連の「加越」編成を使用した臨時の「雷鳥51号」。この時代は短編成特急がまだ珍しかった　北陸本線細呂木～牛ノ谷　1977年7月30日

583系の「雷鳥」誕生

1978（昭和53）年10月1日のダイヤ改正から、これまで下りも上りも早い順に1号、2号と列車の号数が降られていたが、新幹線と同じく下りを奇数、上りを偶数と改められた。乗客にとっては大変わかりやすく、乗り間違いも少なくなった。

実は、鉄道愛好家にとってもこの方式は大変ありがたいものだった。例えば、急行「津軽2号」にＥＦ57が使用されたことを友人と話す際は、「昨日の404レはゴナナ（ＥＦ57のこと）だったよ」と列車番号で会話していたが、この日からは「津軽2号はゴナナだった」で済むようになり、列車番号を覚える必要がなくなったのだ。もちろん1往復しかない列車は下り、上りの区別は必要だったが。

さらに、この改正から幕式のヘッドマークが絵入りとなり、これまで485系を撮影しても、文字が違うだけで面白味がなかったが、色とりどりのマークは撮影に一段と力が入った思い出がある。現在はヘッドマーク自体表示しなくなり、「あずさ」だか「かいじ」だかわからず、少し残念な気がしているのだが。

さて話が逸れてしまったが、この改正で北陸特急の列車名が整理され、大阪〜新潟間の「北越」が「雷鳥」と統合し、「北越」は金沢〜新潟間列車とした。さらに、大阪〜新潟間の急行「越後」を特急に格上げしたこともあり、「雷鳥」は一機に16往復に増強された。

車両も、4往復に向日町運転所の583系が充当されたほか、「白山」用の489系の編成が、サロとサハ各1両をモハユニットに変更した12両編成に変わったため、「雷鳥」とは運用が分離された。これを補うため、「雷鳥」「しらさぎ」用の485系12両編成が新たに誕生した。車両は青森運転所や秋田運転区からの転入車と489系の余剰車で組まれたため、編成内には489系が多く組み込まれた。

上越新幹線の大宮〜新潟間開業によるダイヤ改正が1982（昭和57）年11月15日に実施され、「雷鳥」は急行「立山」2往復の格上げによる増発により、大阪〜新潟間3往復、大阪〜富山間9往復、大阪〜金沢間6往復の18往復体制となった。

1978（昭和53）年10月改正で、「白山」と運用が分離されていたが、「雷鳥3・8号」の1往復に再び復帰した。ただ、サロが1両で食堂車の位置が7号車となり、同じ12両編成でも異端の存在となった。

583系も引き続き使用されたが2往復に削減された。この改正で向日町運転所の581・583系は大量の余剰車が発生しており、順次近郊型電車へ改造されることとなる。

昭和 53 年 10 月改正から 583 系も「雷鳥」に加わった　北陸本線新疋田～敦賀　1981 年 1 月

昭和 53 年 10 月改正から絵入りヘッドマークが登場　北陸本線津端～倶利伽羅　1985 年 10 月

食堂車の廃止と「だんらん」の登場

1985（昭和60）年3月14日、東北新幹線上野開業によるダイヤ改正が実施され、「雷鳥」は18往復と変わらないが、全列車が向日町運転所の485系10両編成に変更され、食堂車サシ481とサロ481が1両減車された。外されたサシ481のうち9両は、車内をお座敷にした和風電車「だんらん」に改造し、サロ481-500番台として7往復の「雷鳥」で使用を開始した。外観はサシ481時代とほとんど変わらず、唯一異なるのは金色の帯を巻いているぐらいで、違和感はあまりなかった。

583系は、ついにこの改正で「雷鳥」から引退となったが、当面は臨時列車用に2編成が残された。

到達時間の短縮も実施され、大阪〜富山間が3時間53分、大阪〜金沢間が2時間59分となった。運行開始時は大阪〜富山間が4時間45分、大阪〜金沢間が3時間50分要していたことを考えると、ダイヤ改正ごとのスピードアップがいかに大きいかがわかるだろう。

サシ481を改造したサロ481-500番台の「だんらん」　北陸本線牛ノ谷〜大聖寺　1985年3月

485系と併結して運転された「ゴールデンエクスプレスアトラス」 北陸本線牛ノ谷〜大聖寺　1989年10月

気動車特急との併結

1986（昭和61）年11月1日、国鉄最後のダイヤ改正が行われた。翌年4月1日のJR移行への準備で、489系の一部が長野第一運転区へ転属したのをはじめ、新潟運転所上沼垂支所が上沼垂運転区に変更されて485系が配置された。この485系は9両の編成を組み、「雷鳥3・13・18・30号」のほか「北越3・8号」「白鳥」にも使用された。「雷鳥」は1往復が増発され19往復体制となった。

12月27日からは、大阪〜和倉温泉間に「ゆぅトピア和倉」の運転が開始された。当時の七尾線はまだ非電化だったため、車両はキハ65形を改造したキロ65形2両編成で、大阪〜金沢間は、なんと485系の「雷鳥9・28号」の最後尾に連結されて運転された。このため、向日町運転所のクハ481には、気動車連結用の密着連結器やジャンパ栓の装備が実施され、ボンネット車はスカートが大きく欠き取られてしまった。

この改正前の10月4日から「雷鳥19・26号」が多客時に神戸まで延長されており、大阪以遠にも足跡を残すようになった。なお、1981（昭和56）年に神戸のポートアイランドで開催された「ポートピア'81」の期間に、一部の「雷鳥」が三ノ宮まで延長されたことがあるので、大阪以遠初運転ではない。

JR 初のダイヤ改正

1988（昭和 63）年 3 月 13 日、青函トンネル開通に伴う JR 発足後初のダイヤ改正が実施された。北陸地区では、航空機に対抗するため、米原と長岡で新幹線と連絡する「きらめき」「かがやき」の運行が開始された。車両は 485 系だが、車内がグレードアップされ、外観もオリジナルの塗装となった。

「雷鳥」は 1 往復増発の 20 往復となるが、「だんらん」連結列車は 4 往復に削減されてしまった。

この年の 11 月に、上沼垂運転区の 485 系にグレードアップ改造車が登場した。指定席は側窓を天地方向に広げ、座席部分をハイデッカーにして、シートピッチが広げられた。グリーン車は 2 ＋ 1 の座席配置となったが、自由席車はシートモケットの張替えに留まった。外観の塗色も、白を基調に窓下を濃いブルーと薄いブルーの配色とした新潟色となった。

12 月にはさらに 1 編成が改造され、上沼垂運転区の「雷鳥」で運行を開始し、1990（平成 2）年までに全編成が完了した。

「スーパー雷鳥」のデビュー

鉄道の長距離輸送は、航空機がライバルとされていたが、年々高速道路網が整備されると、安価な高速バスが新たなライバルとして加わった。これに対抗するためＪＲでは、車両のグレードアップを進め、快適な居住性を売り物とすることとなった。

1989（平成元）年 3 月 11 日のダイヤ改正からは、7 号車にパノラマグリーン車、6 号車にカフェテリアとグリーン室を配した、7 両編成の 485 系を登場させ、列車名を「スーパー雷鳥」とした。車両はもちろん在来の 485・489 系からの改造車で、クロ 481-2000 番台はサロ 489 から、クロ 481-2100 番台はサハ 481 から、サロ 481-2000 番台は「だんらん」だったサロ 481-500 番台からの改造車で、そのほかは既存の車両から車号の変更をしないで改造となった。

大阪～富山間の運転だが、「スーパー雷鳥 1・6 号」は神戸発着となったほか、夏季は長野まで延長運転された。この列車の登場で、「だんらん」はすべて姿を消すこととなり、「雷鳥」は 9 両編成に統一された。

「ゆぅトピア和倉」は、この改正でも週末運転列車として残り、「雷鳥 17・38 号」に連結して運転が続けられたが、この 485 系＋気動車列車は、8 月から臨時の「雷鳥 81・

96号」に連結して大阪と高山を結ぶ「ユートピア高山」が新設された。「ゆぅトピア和倉」と同じくキハ65形から改造したキロ65形で「ゴールデンエクスプレスアトラス」の愛称が付けられた。

この改正から湖西線内で130km/h運転が開始され、「スーパー雷鳥」の大阪〜金沢間は2時間39分、大阪〜富山間3時間23分に短縮された。

1990（平成2）年3月10日からは、「スーパー雷鳥」は9両編成に増強され、翌年の1991（平成3）年3月16日から1往復増発された。

新潟運転所の485系グレードアップ車。ボンネット車も塗り替えられたが自由席として使用するため車内の大きな変更はない　北陸本線津端〜倶利伽羅　1989年10月

登場当時の「スーパー雷鳥」　金沢運転所　1989年1月

富山地方鉄道線に乗り入れた「スーパー雷鳥」
富山地方鉄道立山線本宮～立山　1991年9月

編成の方向転換でクハ481-200番台が富山方となった
「スーパー雷鳥」 東海道本線高槻～山崎　1996年3月

七尾線電化で「スーパー雷鳥」の編成変更

1991（平成3）年9月1日に、七尾線津端～和倉温泉間の電化が完成しダイヤ改正が行われた。

「雷鳥」関係では「スーパー雷鳥」3往復が和倉温泉に直通するようになったが、七尾線内の有効長の関係から7＋3両の10両編成に組み替えられ、モハ485系を改造したクモハ485-200番台が誕生した。
列車は金沢で分割し、7両が和倉温泉行、3両が富山行として運転された。この富山行3両は、多客期に臨時列車「スーパー雷鳥・立山」「スーパー雷鳥・宇奈月」として富山地方鉄道にも乗り入れた。

富山地方鉄道への乗り入れは国鉄時代から行われており、475系急行「立山」、キハ58系急行「うなづき」「むろどう」、さらには名鉄キハ8000系特急「北アルプス」などが見られたが、485系はこれが初となる。

連絡線は、富山駅1番線の直江津方から分岐しており、短いながら交直デットセクションも設置されていた。「スーパー雷鳥」以降は「サンダーバード」も乗り入れたが、1999（平成11）年に乗り入れが廃止。富山駅の新幹線工事で連絡線は撤去された。

1992（平成4）年3月14日改正から、「雷鳥28号」が和倉温泉始発として運行を開始した。「雷鳥」は9両編成が基本のため七尾線に入線できないため、「雷鳥35・28号」は金沢運転所の7両編成に変更された。

681系は運転開始時は「スーパー雷鳥（サンダーバード）」の
愛称で運行された　東海道本線山崎～長岡京　1995年8月

681系の登場

1992（平成4）年時点で、485系は最初の誕生から24年経過しており、リニューアル改造なども実施されたが、やはり老朽化は否めず、新しい特急車両の開発が進められていた。

そして同年7月に、160km/h運転にも対応した681系の試作車9両編成が誕生した。各種の試験が行われた後、12月26日から大阪～富山間の臨時特急「雷鳥85・90号」で運転を開始した。乗客からの評判もよく、翌年以降も臨時列車で運転され、量産への準備が進められた。

量産車が出そろったことから1995（平成7）年4月20日のダイヤ改正で、「スーパー雷鳥（サンダーバード）」として本格的に運行を開始した。

量産車は、七尾線への乗り入れを考慮して6＋3の9両編成となり、グリーン車を大阪方の1号車に変更した。試作車もこれに合わせて編成の組み換えと改造を実施して、車号が1000番台に変わったが、9両固定編成のため、量産車とは運用が分けられた。投入列車は、表を参照してほしい。

681系のグリーン車が1号車に変更されたため、485系の「スーパー雷鳥」編成も、編成の向きが変えられた。組み換えによる改造ではなく、編成全体を方向転換したので、他の485系編成とは逆向きが異なることとなった。通常、車両の組み替えや検修の都合で、電車の向きは同じ方向と決まっていたのだが、編成の固定化でその法則も崩れてきたようだ。

681系の投入で485系「スーパー雷鳥」編成に余裕ができ、「雷鳥」2往復でも使用を開始した。この改正で、681系の「スーパー雷鳥（サンダーバード）」が8往復、485系の「スーパー雷鳥」が4往復、485系「雷鳥」が11往復で、485系が徐々に少なくなり始めてきた。

「サンダーバード」の独立

「スーパー雷鳥（サンダーバード）」で運行されていた681系は、1997（平成9）年3月23日のダイヤ改正で、「サンダーバード」の列車名に変更された。「スーパー雷鳥」は4往復、「雷鳥」は11往復と変化はないが、大阪～新潟間列車が2往復に半減した。

ところで、「サンダーバード」の愛称だが、「サンダー」の雷と「バード」の鳥を組み合わせた英語と思われるが、これは間違いで、英語の雷鳥は「ptarmigan」となる。では英語で「thunderbird」とは何かというと、先住アメリカ人が雷雨を起こすと信じられた想像上の巨鳥のことなので、列車名の「サンダーバード」は完全な和製英語となる。この列車が登場した当時、教師から「子供が間違って覚える」とJR西日本に苦情があったそうだ。

なお、この改正でこれまで青森運転所その後は上沼垂運転区が受け持っていた「白鳥」が向日町運転所の担当となり、久しぶりにボンネット「白鳥」の姿が見られるようになった。

1997（平成9）年10月1日、長野新幹線開業によるダイヤ改正が行われ、「白山」の廃止などで大幅に運用が変わった。「雷鳥」関係では、「スーパー雷鳥」の付属編成3両を「しらさぎ」に転用するため、3編成を10両貫通編成に変更、残る3編成が7＋3の10編成となった。ただし、「スーパー雷鳥18号」は、和倉温泉発のため7＋3の編成の限定運用とした。

1999（平成11）年12月4日改正では、「雷鳥」2往復が「スーパー雷鳥」に変更されたため、7往復に増強されたが、「雷鳥」は9往復に削減された。

貫通10両編成の「スーパー雷鳥」北陸本線牛ノ谷～大聖寺　1998年9月

「スーパー雷鳥」の廃止と編成変更

2001（平成13）年3月3日改正により､「スーパー雷鳥」は新型車683系の「サンダーバード」に置き換えられ､パノラマグリーン車のクロ481-2000･2100番台は「しらさぎ」に転用された。塗色も変更され、ミルキーグレーをベースに窓周りを紺色とした「しらさぎ色」となり、1号車に組み込まれた。ただ、「スーパー雷鳥」の2号車で使用されたサロ481-2000番台は転用されず廃車となった。

「雷鳥」の方は10往復が残るが、すべて大阪～金沢間の列車となり、上沼垂運転区の運用も終了し、京都総合車両所の485系が全列車を受け持つこととなった。

「しらさぎ」に転用されたクロ481-2000番台だが、新天地での活躍も683系の進出により短期間で終了し、2003（平成15）年6月1日から再び「雷鳥」運用に戻ってきた。クロ481-2000・2100番台ははじめ、一部の485系が金沢運転所から京都総合運転所に転属し、10編成の485系のうち3編成にクロ481-200・21000番台が組み込まれた。同時に全編成の方向が転換され、塗色も国鉄色に順次変更された。パノラマグリーン車の国鉄色は初となるが、意外と似合っていて違和感がなかった。

残る485系にも変化があり､1号車がクロ481-2300番台に変更された。この車両は｢かがやき」用のグレードアップグリーン車として、クハ481-300番台を1991（平成3）年に改造したもので､「かがやき」廃止後は「加越」で使用されていた。

この編成変更は10月までに順次実施され、サロ481形に変わりサハ481形が組み込まれたが、不足する3両はモハ485形改造の700番台となっている。

終焉を迎えた「雷鳥」

北陸特急の華として活躍した「雷鳥」だったが、ダイヤ改正ごとに「サンダーバード」に変更され、2010（平成22）年3月13日改正では、1往復のみとなり編成も期間により6両に減車された。1号車のグリーン車は、2009（平成21）年10月1日改正でクハ481-2300番台の運用を終了し、パノラマグリーン車が最後まで残ることとなった。

この「雷鳥」も、2011（平成23）年3月12日のダイヤ改正で「サンダーバード」に置き換えられ、約46年3か月の歴史に幕が降ろされた。

国鉄特急色に変わったクロ481-2000番台　北陸本線細呂木～牛ノ谷　2002年5月

スカートの一部が切られてしまった晩年のクハ481形。北麓本線新疋田～敦賀　2000年8月

「雷鳥」編成の変遷

1964（昭和 39）年 12 月 25 日～

下り◆ 2001M　大阪～富山

上り◆ 2002M　富山～大阪

❶ ←大阪　　富山→

1	2	3	4	5	6	7	8	9	10	11	
クハ 481	◇モハ 480◇	モハ 481	サロ 481	サロ 481	サシ 481	◇モハ 480◇	モハ 481	◇モハ 480◇	モハ 481	クハ 481	大ムコ

1966（昭和 41）年 10 月 1 日～

下り◆ 2001M（第 1）・2003M（第 2）　大阪～富山

上り◆ 2002M（第 1）・2004M（第 2）　富山～大阪

481 系 11 連使用。編成は 1 と同じ

1968（昭和 43）年 10 月 1 日～

下り◆ 2001M（1 号）・2003M（2 号）・2005M（3 号）

上り◆ 2002M（1 号）・2004M（2 号）・2006M（3 号）

481 系 11 連使用。編成は 1 と同じ

1969（昭和 44）年 10 月 1 日～

下り◆ 2001M（1 号）・2003M（2 号）・2005M（3 号）・2007M（4 号）

上り◆ 2002M（1 号）・2004M（2 号）・2006M（3 号）・2008M（4 号）

2001M・2006M は大阪～金沢

❷ ←大阪　　富山→

1	2	3	4	5	6	7	8	9	10	11	
クハ 481	◇モハ 480・484◇	モハ 481・485	サロ 481	サロ 481	サシ 481	◇モハ 480・484◇	モハ 481・485	◇モハ 480・484◇	モハ 481・485	クハ 481	大ムコ

1970（昭和 45）年 10 月 1 日～

下り◆ 2001M（1 号）・2003M（2 号）・2005M（3 号）・2007M（4 号）・2009M（5 号）

上り◆ 2002M（1 号）・2004M（2 号）・2006M（3 号）・2008M（4 号）・2010M（5 号）

2001M・2006M は大阪～金沢

481・485 系 11 連使用。編成は 2 と同じ

1972（昭和 47）年 3 月 15 日〜

下り◆ 4019M（5 号）・4025M（8 号）
上り◆ 4012M（1 号）・4026M（8 号）

❸ ←大阪　　富山→

1	2	3	4	5	6	7	8	9	10	11	12	
クハ 489	◇モハ 488◇	モハ 489	サロ 489	サロ 489	サシ 489	◇モハ 488◇	モハ 489	サハ 489	◇モハ 488◇	モハ 489	クハ 489	大ムコ

下り◆ 4011M（1 号）・4013M（2 号）・4015M（3 号）・4017M（4 号）・4021M（6 号）・4023M（7 号）
上り◆ 4014M（2 号）・4016M（3 号）・4018M（4 号）・4020M（5 号）・4022M（6 号）・4024M（7 号）
4017M（4 号）と 4032M（7 号）は 6 月 4 日より運転開始。6 月 3 日までは 8021M（51 号）・8022M（51 号）で運転
4015M・4022M は大阪〜金沢
485 系 11 連、編成は 2 と同じ

1972（昭和 47）年 10 月 2 日〜

下り◆ 4021M（6 号）・4029M（10 号）
上り◆ 4012M（1 号）・4030M（10 号）
489 系 12 連、編成は 3 と同じ

下り◆ 4011M（1 号）・4013M（2 号）・4015M（3 号）・4017M（4 号）・4019M（5 号）・4023M（7 号）・4025M（8 号）・4027M（9 号）
上り◆ 4014M（2 号）・4016M（3 号）・4018M（4 号）・4020M（5 号）・4022M（6 号）・4024M（7 号）・4026M（8 号）・4028M（9 号）
4015M・4017M・4024M・4026M は大阪〜金沢
485 系 11 連、編成は 2 と同じ

1973（昭和 48）年 3 月 1 日〜

下り◆ 4015M（2 号）・8041M（6 号）・4029M（10 号）
上り◆ 4012M（1 号）・4026M（8 号）・8042M（10 号）
4015 M・4026 Mは大阪〜金沢
489 系 12 連、編成は 3 と同じ
489 系の金沢運転所転属により 4015M・4026M は 4 月 1 日から、4029M・4012M は 7 月 1 日から、8041M・8042M は 1974 年 4 月から所属区を金サワに変更

下り◆ 4013M（1 号）・4017M（3 号）・4019M（4 号）・4021M（5 号）・4023M（7 号）・4025M（8 号）・4027M（9 号）・4029M（10 号）
上り◆ 4014M（2 号）・4016M（3 号）・4018M（4 号）・4020M（5 号）・4022M（6 号）・4024M（7 号）・4028M（9 号）・8042M（10 号）
4017 M・4024 Mは大阪〜金沢
485 系 11 連、編成は 2 と同じ

1973（昭和48）年10月1日〜

下り◆4013M（2号）　大阪〜金沢
上り◆4026M（8号）　金沢〜大阪

❹ ←大阪　　富山→

1	2	3	4	5	6	7	8	9	10	11	12	
	◇　◇					◇　◇			◇　◇			
クハ 489	モハ 488	モハ 489	サロ 489	サロ 489	サシ 489	モハ 488	モハ 489	サハ 489	モハ 488	モハ 489	クハ 489	大ムコ

下り◆4011 M（1号）・4015 M（3号）・4017 M（4号）・4019 M（5号）・4021 M（6号）・4023 M（7号）・4025 M（8号）・4027 M（9号）・4029 M（10号）
上り◆4012 M（1号）・4014 M（2号）・4016 M（3号）・4018 M（4号）・4020 M（5号）・4022 M（6号）・4024 M（7号）・4028 M（9号）・4030 M（10号）
4015 M・4024 Mは大阪〜金沢
485系11連、編成は2と同じ

1974（昭和49）年4月25日〜

下り◆4013M（2号）・4023M（7号）・4027M（9号）
上り◆4014M（2号）・4016M（3号）・4026M（8号）
4013M・4026 Mは大阪〜金沢
489系12連、編成は4と同じ

下り◆4011 M（1号）・4015 M（3号）・4017 M（4号）・4019 M（5号）・4021 M（6号）・4025 M（8号）・4029 M（10号）
上り◆4012 M（1号）・4018 M（4号）・4020 M（5号）・4022 M（6号）・4024 M（7号）・4028 M（9号）・4030 M（10号）
4015 M・4024 Mは大阪〜金沢
485系11連、編成は2と同じ

1975（昭和50）年3月10日〜

下り◆4013M（2号）・4023M（7号）・4025M（8号）・4027M（9号）・4031M（11号）
上り◆4014M（2号）・4018M（4号）・4020M（5号）・4022M（6号）・4032M（11号）
4013 M・4023 M・4031 Mは大阪〜金沢
489系12連、編成は4と同じ

下り◆4011 M（1号）・4015 M（3号）・4017 M（4号）・4019 M（5号）・4021 M（6号）・4029 M（10号）・4033 M（12号）
上り◆4012 M（1号）・4016 M（3号）・4024 M（7号）・4026M（8号）・4028 M（9号）・4030 M（10号）・4034 M（12号）
4019 M・4026 Mは大阪〜金沢

5 ←大阪　富山→

1	2	3	4	5	6	7	8	9	10	11	
クハ 481	モハ 484	モハ 485	サロ 481	サロ 481	サシ 481	モハ 484	モハ 485	モハ 484	モハ 485	クハ 481	大ムコ

1976（昭和 51）年 7 月 1 日～

下り◆ 4013M（2 号）・4023M（7 号）・4025M（8 号）・4027M（9 号）・4031M（11 号）

上り◆ 4014M（2 号）・4018M（4 号）・4020M（5 号）・4022M（6 号）・4032M（11 号）

4013 M・4023 M・4031 Mは大阪～金沢

489 系 12 連、編成は 4 と同じ

下り◆ 4011 M（1 号）・4015 M（3 号）・4017 M（4 号）・4019 M（5 号）・4021 M（6 号）・4029 M（10 号）・4033 M（12 号）

上り◆ 4012 M（1 号）・4016 M（3 号）・4024 M（7 号）・4026M（8 号）・4028 M（9 号）・4030 M（10 号）・4034 M（12 号）

4019 M・4026 Mは大阪～金沢

6 ←大阪　富山→

1	2	3	4	5	6	7	8	9	10	11	12	
クハ 481	モハ 484	モハ 485	サロ 481	サロ 481	サシ 481	モハ 484	モハ 485	サハ 481	モハ 484	モハ 485	クハ 481	大ムコ

富山構内に並ぶ「雷鳥」「しらさぎ」

1978（昭和 53）年 10 月 2 日〜

下り◆ 4007 M（21 号）・4029 M（25 号）・4031 M（27 号）

上り◆ 4014M（4 号）・4020M（10 号）・4004M（12 号）

4007M・4004M は大阪〜新潟、4029M・4014M は大阪〜金沢、他は大阪〜富山

7 ←大阪　　新潟→

1	2	3	4	5	6	7	8	9	10	11	12	
クハ 481	モハ 484	モハ 485	サロ 481	サロ 481	サシ 481	モハ 484	モハ 485	サハ 481	モハ 484	モハ 485	クハ 481	金サワ

編成内は 489 系の場合もある

下り◆ 4011M（1 号）・4003M（3 号）・4013M（5 号）・4015M（7 号）・4005M（13 号）・4021M（15 号）・4023 M（17 号）・4027 M（23 号）・4033 M（29 号）

上り◆ 4012 M（2 号）・4018 M（8 号）・4022 M（14 号）・4006 M（16 号）・4026 M（20 号）・4028 M（22 号）・4030 M（24 号）・4008 M（28 号）・4036 M（32 号）

4003M・4005M・4006M・4008M は大阪〜新潟、4013M・4021M・4026M・4030M は大阪〜金沢、他は大阪〜富山

485 系 12 連 (大ムコ)、編成は 6 と同じ

下り◆ 4017M（9 号）・4019M（11 号）・4025M（19 号）・4035M（31 号）

上り◆ 4016M（6 号）・4024M（18 号）・4032 M（26 号）・4034 M（30 号）

4017M・4025M・4024M・4034M は大阪〜金沢

8 ←大阪　　富山→

1	2	3	4	5	6	7	8	9	10	11	12	
クハネ 581・583	モハネ 580・582	モハネ 581・583	サハネ 581	サロ 581	サシ 581	モハネ 580・582	モハネ 581・583	サハネ 581	モハネ 580・582	モハネ 581・583	クハネ 581・583	大ムコ

1982（昭和 57）11 月 15 日〜

下り◆ 4003M（3 号）　大阪〜新潟

上り◆ 4008M（32 号）　新潟〜大阪

9 ←大阪　　金沢→

1	2	3	4	5	6	7	8	9	10	11	12	
クハ 489	モハ 488	モハ 489	モハ 488	モハ 489	サロ 489	サシ 489	モハ 488	モハ 489	モハ 488	モハ 489	クハ 489	大ムコ

下り◆ 4007M（25号）・4035M（31号）
上り◆ 4004M（14号）・4018M（18号）
485系12連、編成は7と同じ
4007M・4004Mは大阪～新潟、4035M・4018Mは大阪～金沢

下り◆ 4011M（1号）・4013M（5号）・4015M（7号）・4017M（9号）・4019M（11号）・4021M（13号）・4005M（15号）・4025M（19号）・7027M（21号）・4031M（27号）・4033M（29号）・4037M（33号）・4039M（35号）
上り◆ 4012M（2号）・4014M（4号）・4016M（6号）・4020M（10号）・4022M（12号）・4024M（16号）・4026M（18号）・4006M（20号）・4028M（22号）・4030M（24号）・4034M（28号）・7036M（30号）・4040M（36号）
485系12連（大ムコ）、編成は6と同じ
4017M・4019M・7027M・4016M・4028M・7036Mは大阪～金沢、他は大阪～富山

下り◆ 4023M（17号）・4029M（23号）　大阪～金沢
上り◆ 4032M（26号）・4038M（34号）　金沢～大阪
583系12連。編成は8と同じ

1985（昭和60）年3月14日～
下り◆ 4011M（1号）・4013M（5号）・4021M（15号）・6025M（19号）・4027M（21号）・6029M（23号）・4037M（33号）
上り◆ 4016M（6号）・4018M（8号）・6024M（16号）・4026M（20号）・4034M（30号）・4036M（32号）・6038M（34号）
4013M・6025M・6029M・4016M・6024M・4034M・6038Mは大阪～金沢、他は大阪～富山

⑩ ←大阪　　　富山→

1	2	3	4	5	6	7	8	9	10	
クハ481	モハ484	モハ485	サロ481	サロ581・500	モハ484	モハ485	モハ484	モハ485	クハ481	大ムコ

下り◆ 4003M（3号）・4015M（7号）・4017M（9号）・4019M（11号）・4005M（13号）・4023M（17号）・4007M（25号）・4031M（27号）・4033M（29号）・4035M（31号）・4039M（35号）
上り◆ 4012M（2号）・4014M（4号）・4020M（10号）・4022M（12号）・4004M（14号）・4006M（18号）・4028M（22号）・4030M（24号）・4032M（26号）・4008M（28号）・4040M（36号）

4003M・4005M・4007M・4004M・4006M・4008Mは大阪～新潟、4017M・4019M・4028M・4032Mは大阪～金沢、他は大阪～富山

⑪ ←大阪　　　新潟→

1	2	3	4	5	6	7	8	9	10	
クハ481	モハ484	モハ485	サロ481	サハ481	モハ484	モハ485	モハ484	モハ485	クハ481	大ムコ

1986（昭和 61）年 11 月 1 日～

下り◆ 4003M（3 号）・4013M（13 号）　大阪～新潟

上り◆ 4018M（8 号）・4030M（30 号）　新潟～大阪

⑫ ←大阪　新潟→

1	2	3	4	5	6	7	8	9	
	◇◇			◇◇		◇◇			
クハ 481	モハ 484	モハ 485	サロ 481	モハ 484	モハ 485	モハ 484	モハ 485	クハ 481	新カヌ

下り◆ 4007M（7 号）・4009M（9 号）・4015M（15 号）・4017M（17 号）・4025M（25 号）・4029M（29 号）・4035M（35 号）

上り◆ 4004M（4 号）・4006M（6 号）・4014M（14 号）・4022M（22 号）・4026M（26 号）・4034M（34 号）・4038M（38 号）

4025M・4014M は大阪～新潟、4009M・4035M・4006M・4022M は大阪～金沢、4026M は富山～神戸、他は大阪～富山

485 系 10 連（大ムコ）。編成は 10 と同じ。

下り◆ 4001M（1 号）・4005M（5 号）・4011M（11 号）・6019M（19 号）・4021M（21 号）・6023M（23 号）・4027M（27 号）・4031M（31 号）・4033M（33 号）・4037M（37 号）

上り◆ 4002M（2 号）・4008M（8 号）・4010M（10 号）・4012M（12 号）・6016M（16 号）・4020M（20 号）・4024M（24 号）・4028M（28 号）・4032M（32 号）・6036M（36 号）

4005M・4011M・6019M・6023M・6016M・4028M・4032M・6036M は大阪～金沢、6019M は神戸～金沢、他は大阪～富山

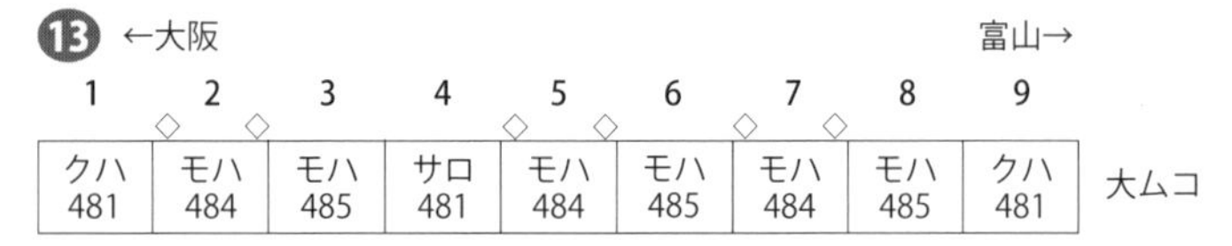

⑬ ←大阪　富山→

1	2	3	4	5	6	7	8	9	
	◇◇			◇◇		◇◇			
クハ 481	モハ 484	モハ 485	サロ 481	モハ 484	モハ 485	モハ 484	モハ 485	クハ 481	大ムコ

下り 4009M は 1987（昭和 62）年 1 月 10 日から毎土曜日は、大阪～和倉温泉間の気動車特急「ゆぅトピア和倉」を大阪～金沢間併結

⑭ ←大阪　金沢→

1	2	1	2	3	4	5	6	7	8	9	10
			◇◇				◇◇		◇◇		
キロ 65	キロ 65	クハ 481	モハ 484	モハ 485	サロ 481	サロ 481-500	モハ 484	モハ 485	モハ 484	モハ 485	クハ 481

「ゆぅトピア和倉」 ← 「雷鳥 9 号」

上り 4028M は 1987（昭和 62）年 1 月 11 日から毎日曜日は、和倉温泉～大阪間の気動車特急「ゆぅトピア和倉」を金沢～大阪間併結

⑮ ←大阪　　和倉温泉・金沢→

1	2	3	4	5	6	7	8	9	10	1	2
	◇	◇			◇	◇	◇	◇			
クハ 481	モハ 484	モハ 485	サロ 481	サロ 481-500	モハ 484	モハ 485	モハ 484	モハ 485	クハ 481	キロ 65	キロ 65

485系の所属は大ムコ、キロ65は金ナナ

1988（昭和63）年3月13日

下り◆4003M（3号）・4013M（13号）　大阪〜新潟
上り◆4018M（8号）・4038M（38号）　新潟〜大阪
485系9連（新カヌ）。編成は12と同じ

下り◆4009M（9号）・4011M（11号）・4017M（17号）・4037M（37号）
上り◆4002M（2号）・4024M（24号）・4028M（28号）・4034M（34号）
4011M・4024 Mは大阪〜金沢、他は大阪〜富山
485系10連（大ムコから変更された本ムコ）。編成は10と同じ

下り◆4001 M（1号）・4005 M（5号）・4007M（7号）・6015M（15号）・4019M（19号）・6021 M（21号）・4023 M（23号）・4025 M（25号）・4027 M（27号）・4029 M（29号）・4031 M（31号）・4033 M（33号）・4035 M（35号）・4039 M（39号）
上り◆4004M（4号）・4006M（6号）・4008M（8号）・4010M（10号）・4012M（12号）・4014M（14号）・4016M（16号）・6020M（20号）・4022M（22号）・4026M（26号）・4030M（30号）・4032M（32号）・6036M（36号）・4040M（40号）
4027 M・4014Mは大阪〜新潟、4005M・6015 M・4019 M・6021 M・4039 M・4008 M・6020 M・4030 M・4032 M・6036 Mは大阪〜金沢、他は大阪〜富山

485系9連（本ムコ）。編成は13と同じ

下り4009Mは「ゆぅトピア和倉」運転時、大阪〜金沢間9007Dを併結。編成は14と同じ
上り4030Mは「ゆぅトピア和倉」運転時、金沢〜大阪間9010D併結。編成は15と同じ

1989（平成元）年3月11日〜

◉「スーパー雷鳥」

下り◆ 4001M（1号）・4003M（3号）・4005M（5号）・4007M（7号）
上り◆ 4002 M（2号）・4004 M（4号）・4006 M（6号）・4008 M（8号）
4001M・4006M は神戸〜富山。他は大阪〜富山

⑯ ←大阪　富山→

1	2	3	4	5	6	7	
	◇	◇	◇ ◇				
クハ 481	モハ 484	モハ 485	モハ 484	モハ 485	サロ 481-2000	クロ 481-2000	金サワ

7号車はクロ 481-2101 の場合もある。

◉「雷鳥」

下り◆ 4013M（13号）・4021M（21号）　大阪〜新潟
上り◆ 4030M（30号）・4042M（42号）　新潟〜大阪
485系9連（新カヌ）。編成は 11 と同じ

下り◆ 4033M（33号）　大阪〜新潟
4041M（41号）　大阪〜魚津
4011 M（11号）・4017 M（17号）・4023M（23号）・4025M（25号）・4029M（29号）・4031M（31号）・4035M（35号）・4037M（37号）4039M（39号）・4045M（45号）　大阪〜富山
4015 M（15号）・4019 M（19号）・6027M（27号）・4043M（43号）　大阪〜金沢
上り◆ 4024M（24号）　新潟〜大阪
4016M（16号）　魚津〜大阪
4012M（12号）・4014M（14号）・4020M（20号）・4022M（22号）・4026M（26号）・4028M（28号）・4032M（32号）・4036M（36号）・4040M（40号）・4046M（46号）　富山〜大阪
4018M（18号）・4034M（34号）・4038M（38号）・6044M（44号）　金沢〜大阪
485系9連（本ムコ）。編成は 13 と同じ

下り 4017M は「ゆぅトピア和倉」運転時、大阪〜金沢間 9017D を併結。編成は 14 と同じ
上り 4038M は「ゆぅトピア和倉」運転時、金沢〜大阪間 9038D 併結。編成は 15 と同じ

1990（平成 2）年 3 月 10 日

「スーパー雷鳥」編成変更

⑰ ←大阪　　　　　　　　　富山→

1	2	3	4	5	6	7	8	9	
	◇　◇		◇　◇		◇　◇				
クハ 481	モハ 484	モハ 485	モハ 484	モハ 485	モハ 484	モハ 485	サロ 481-2000	クロ 481-2000	金サワ

1991（平成 3）年 3 月 16 日

◉「スーパー雷鳥」

下り◆ 4001M（1 号）・4003M（3 号）・4005M（5 号）・4007M（7 号）・4009M（9 号）
上り◆ 4002M（2 号）・4004M（4 号）・4006M（6 号）・4008M（8 号）・4010M（10 号）
4001M・4006M は神戸〜富山間
編成は 17 と同じ

◉「雷鳥」

下り◆ 4013M（13 号）・4023M（23 号）　大阪〜新潟
上り◆ 4032M（32 号）・4044M（44 号）　新潟〜大阪
485 系 9 連（新カヌ）。編成は 12 と同じ

下り◆ 4029M（29 号）・4033M（33 号）　大阪〜新潟
4037M（37 号）　大阪〜魚津
4015 M（15 号）・4021M（21 号）・4025M（25 号）・4027M（27 号）・4031M（31 号）・6039M（39 号）・4043M（43 号）・4045M（45 号）　大阪〜富山
4011 M（11 号）・4017 M（17 号）・4019M（19 号）・4035M（35 号）・4041M（41 号）　大阪〜金沢
上り◆ 4026M（26 号）・4030M（30 号）　新潟〜大阪
4018M（18 号）　魚津〜大阪
4012M（12 号）・4016M（16 号）・4022M（22 号）・4024M（24 号）・4034M（34 号）・4038M（38 号）・4042M（42 号）・4046M（46 号）　富山〜大阪
6014M（14 号）・4020M（20 号）・4028M（28 号）・4036M（36 号）・4040M（40 号）　金沢〜大阪
485 系 9 連（本ムコ）。編成は 13 と同じ

下り 4019M は「ゆぅトピア和倉」運転時、大阪〜金沢間 9019D を併結。編成は 13 と同じ
上り 4040M は「ゆぅトピア和倉」運転時、金沢〜大阪間 9040D 併結。編成は 14 と同じ

1991（平成 3）年 9 月 1 日

◉「スーパー雷鳥」

下り◆ 4001M（1 号）・4007M（7 号）・4009M（9 号）・4045M（45 号） 大阪～富山
4003M ～ 2003M（3 号）・4019M ～ 2019M（19 号）・4005M ～ 2005M（5 号） 大阪～金沢・和倉温泉

上り◆ 4012M（12 号）・4002M（2 号）・4004M（4 号）・4008M（8 号） 富山～大阪
2006M ～ 4006M（6 号）・2038M ～ 4038M（38 号）・2010M ～ 4010M（10 号） 和倉温泉・金沢～大阪

4001M・4008M は神戸～富山間

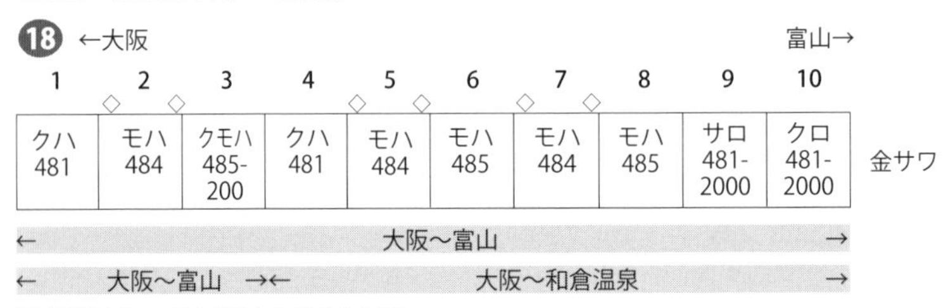

10 号車はクロ 481-2101 の場合もある。

◉「雷鳥」

下り◆ 4013M（13 号）・4023M（23 号） 大阪～新潟

上り◆ 4032M（32 号）・4044M（44 号） 新潟～大阪

485 系 9 連（新カヌ）。編成は 12 と同じ

下り◆ 4029M（29 号）・4033M（33 号） 大阪～新潟
4037M（37 号） 大阪～魚津
4015M（15 号）・4025M（25 号）・4027M（27 号）・4031M（31 号）・6039M（39 号）・4043M（43 号） 大阪～富山
4011 M（11 号）・4017 M（17 号）・4021M（21 号）・4035M（35 号）・4041M（41 号） 大阪～金沢

上り◆ 4026M（26 号）・4030M（30 号） 新潟～大阪
4018M（18 号） 魚津～大阪
4016M（16 号）・4022M（22 号）・4024M（24 号）・4034M（34 号）・4042M（42 号）・4046M（46 号）富山～大阪
6014M（14 号）・4020M（20 号）・4028M（28 号）・4036M（36 号）・4040M（40 号） 金沢～大阪

485 系 9 連（本ムコ）。編成は 13 と同じ

1992（平成 4）年 3 月 14 日

◉「雷鳥」

下り◆ 4035M（35 号） 大阪～金沢

上り◆ 4028M（28 号） 和倉温泉～大阪

19 ←大阪 金沢・和倉温泉→

1	2	3	4	5	6	7	
クハ 481	モハ 484	モハ 485	サロ 481	モハ 484	モハ 485	クハ 481	金サワ

他の列車に変更なし

1995（平成7）年4月20日

◉「スーパー雷鳥（サンダーバード）」

下り◆ 4007M（7号） 大阪～富山

上り◆ 4022M（22号） 富山～大阪

20 ←大阪 富山→

1	2	3	4	5	6	7	8	9	
クロ 681-1001	サハ 680-1101	モハ 681-1201	サハ 680-1201	モハ 681-1101	サハ 681-1101	サハ 680-1001	モハ 681-1001	クハ 680-1001	金サワ

下り◆ 4001M（1号）・4009M（9号）・4027M（27号）・4043M（43号）大阪～富山

4003M～2003M（3号）・4005M～2005M（5号）・4019M～2019M（19号）大阪~和倉温泉・富山

上り◆ 4002 M（2号）・4004 M（4号）・4010 M（10号）・4012 M（12号） 富山～大阪

2006M～4006M（6号）・2008M～4008M（8号）・2036M～4036M（36号）富山・和倉温泉～大阪

21 ←大阪 富山→

1	2	3	4	5	6	7	8	9	
クロ 681	サハ 680	モハ 681-200	サハ 681-200	サハ 680	クモハ 681-500	クハ 680-500	モハ 681	クハ 681	金サワ

← 大阪～富山 →

← 大阪～和倉温泉 →← 大阪～富山 →

◉「スーパー雷鳥」

下り◆ 4017M（17号）・4031M（31号）・4037M（37号）・4041 M (41号） 大阪～富山

上り◆ 4024M（24号）・4028 M（28号）・4034 M（34号）・4042 M（42号） 富山～大阪

4001 M・4042 Mは大阪～神戸、4037 Mは大阪～魚津、4024 Mは和倉温泉～大阪

4024Mは1～7号車が和倉温泉～大阪、8～10号車が金沢～大阪

22 ←大阪 富山→

1	2	3	4	5	6	7	8	9	10	
クロ 481-2000	サロ 481-2000	モハ 485	モハ 484	モハ 485	モハ 484	クハ 481-200	クモハ 485-200	モハ 484	クハ 481	金サワ

1号車はクロ481-2101の場合もある。

◉「雷鳥」

下り◆ 4013M（13 号）・4023M（23 号） 大阪〜新潟
上り◆ 4032M（32 号）・4044M（44 号） 新潟〜大阪
485 系 9 連（新カヌ）。編成は 12 と同じ

下り◆ 4015M（15 号）・4029M（29 号） 大阪〜富山
4016 M（16 号）・4046 M（46 号） 富山〜大阪
4015M は大阪〜金沢、4016 Mは魚津〜大阪
485 系 10 連（金サワ）。編成は 22 と同じ

下り◆ 4025 M（25 号）・4033 M（33 号） 大阪〜新潟
4043M（43 号） 大阪〜富山
4011M（11 号）・4021M（21 号）・4035M（35 号）・4039M（39 号） 大阪〜金沢
上り◆ 4026M（26 号）・4030M（30 号） 新潟〜大阪
4020M（20 号） 富山〜大阪
4014 M（14 号）・4018 M（18 号）・4038 M（38 号）・4040 M（40 号） 金沢〜大阪
485 系 9 連（本ムコから変更の京ムコ）。編成は 13 と同じ

1997（平成 9）年 10 月 1 日

◉**「スーパー雷鳥」**

下り◆ 4011 M（11 号）・4027 M（27 号）・4035 M（35 号）・4039 M（39 号） 大阪〜富山
上り◆ 4018M（18 号）・4022 M（22 号）・4026 M（26 号）・4038 M（38 号） 富山〜大阪
4035 Mは大阪〜魚津、4011 M・4027 M・4022 Mは大阪〜金沢、4018 Mは和倉温泉〜大阪

㉓ ←大阪　　和倉温泉・富山→

1	2	3	4	5	6	7	8	9	10
クロ 481-2000	サロ 481-2000	モハ 485	モハ 484	モハ 485	モハ 484	サハ 481-500	モハ 485	モハ 484	クハ 481

金サワ

1 号車はクロ 481-2101 の場合もある。

4018M は以下の編成に限定。1 〜 7 号車が和倉温泉〜大阪、8 〜 10 号車が金沢〜大阪

㉔ ←大阪　　和倉温泉・富山→

1	2	3	4	5	6	7	8	9	10
クロ 481-2000	サロ 481-2000	モハ 485	モハ 484	モハ 485	モハ 484	クハ 481-200	クモハ 485-200	モハ 484	クハ 481

金サワ

1 号車はクロ 481-2101 の場合もある。

◉「雷鳥」
下り◆ 4005M（5号）・4029M（29号）・4033M（33号）　大阪～新潟
上り◆ 4010M（10号）・4020M（20号）・4042M（42号）　新潟～大阪
4033M・4010Mは大阪～金沢
485系9連（新カヌ）。編成は12と同じ

下り◆ 4009M（9号）・4017M（17号）　大阪～富山
上り◆ 4006M（6号）・4028M（28号）　金沢～大阪
4028 Mは魚津～大阪／485系10連（金サワ）。編成は23と同じ

下り◆ 4003M（3号）・4015M（15号）・4021M（21号）・4025M（25号）・4037M（37号）・4043M（43号）　大阪～富山
上り◆ 4004M（4号）・4014M（14号）・4024M（24号）・4032M（32号）・4036M（36号）・4044M（44号）　富山～大阪
4015M・4021M・4037M・4004M・4032M・4036M・4044Mは大阪～金沢
485系9連（京ムコから変更の京キト）。編成は13と同じ

1999（平成11）年12月4日
◉「スーパー雷鳥」
下り◆ 4003M（3号）・4011M（11号）・4017M（17号）・4023M（23号）・4037M（37号）・4043M（43号）　大阪～富山
上り◆ 4008M（8号）・4014M（14号）・4026M（26号）・4032M（32号）・4038M（38号）・4044M（44号）　富山～大阪
4037Mは大阪～魚津
485系10連（金サワ）。編成は23と同じ

下り◆ 4027M（27号）　大阪～富山　（1～7号車大阪～金沢、8～10号大阪～富山）
上り◆ 4020M（20号）　和倉温泉～大坂　（1～7号車和倉温泉～大阪、8～10号車金沢～大阪）
485系10連（金サワ）。編成は24と同じ

◉「雷鳥」
下り◆ 4005M（5号）・4029M（29号）・4039M（39号）　大阪～新潟
上り◆ 4016M（16号）・4022M（22号）・4046M（46号）　新潟～大阪
4039M・4016Mは大阪～金沢
485系9連（新カヌ）。編成は12と同じ

下り◆ 4009M（9号）・4015M（15号）・7021M（21号）・7033M（33号）・4035M（35号）・4045M（45号）　大阪～金沢
上り◆ 4004M（4号）・7006M（6号）・4012M（12号）・4030M（30号）・4034M（34号）・7040M（40号）　金沢～大阪
485系9連（京キト）。編成は13と同じ

2001（平成 13）年 3 月 3 日～

下り◆ 4005M（5 号）・4009M（9 号）・4013M（13 号）・4017M（17 号）・7023M（23 号）・4031M（31 号）・7035M（35 号）・4037M（37 号）・4041M（41 号）・4047M（47 号）　大阪～金沢

上り◆ 4004M（4 号）・4008M（8 号）・4012M（12 号）・4016M（16 号）・4022M（22 号）・4030M（30 号）・4034M（34 号）・4038M（38 号）・7042M（42 号）・4048M（48 号）　金沢～大阪

485 系 9 連（京キト）。編成は 13 と同じ

2003（平成 15）年 6 月 1 日～

下り◆ 4013M（13 号）・4017M（17 号）・4047M（47 号）　大阪～金沢

上り◆ 4004M（4 号）・4034M（34 号）・4048M（48 号）　金沢～大阪

25 ←大阪　　金沢→

1	2	3	4	5	6	7	8	9	
クロ 481-2000	モハ 485	◇モハ 484◇	サハ 481	モハ 485	◇モハ 484◇	モハ 485	◇モハ 484◇	クハ 481	京キト

1 号車はクロ 481-2101 の場合もある。

下り◆ 4005M（5 号）・4009M（9 号）・7023M（23 号）・4031M（31 号）・7035M（35 号）・4037M（37 号）・4041M（41 号）　大阪～金沢

上り◆ 4008M（8 号）・4012M（12 号）・4016M（16 号）・4022M（22 号）・4030M（30 号）・4038M（38 号）・7042M（42 号）　金沢～大阪

26 ←大阪　　金沢→

1	2	3	4	5	6	7	8	9	
クハ 481	モハ 485	◇モハ 484◇	サロ 481	モハ 485	◇モハ 484◇	モハ 485	◇モハ 484◇	クハ 481	京キト

10 月までに順次 27 の編成に変更

2003（平成 15）年 10 月 1 日～

下り◆ 4005M（5 号）・4009M（9 号）・4017M（17 号）・4031M（31 号）・4041M（41 号）　大阪～金沢

上り◆ 4004M（4 号）・4012M（12 号）・4030M（30 号）・4038M（38 号）・4048M（48 号）　金沢～大阪

485 系 9 連。編成は 25 と同じ

下り◆ 4013 M（13 号）・4023 M（23 号）・4035 M（35 号）・4037 M（37 号）・4047 M（47 号）　大阪～金沢

上り◆ 4008M（8 号）・4016M（16 号）・4022M（22 号）・4034M（34 号）・4042M（42 号）　金沢～大阪

27 ←大阪　　金沢→

1	2	3	4	5	6	7	8	9	
クロ 481-2300	モハ 485	◇モハ 484◇	サハ 481	モハ 485	◇モハ 484◇	モハ 485	◇モハ 484◇	クハ 481	京キト

2009（平成21）年10月1日～

下り◆ 4009M（9号）・4013M（13号）・4017M（17号）・7023M（23号）・7029M（29号）・4037M（37号）・4047M（47号） 大阪～金沢

上り◆ 4004M（4号）・4008M（8号）・4016M（16号）・7022M（22号）・4034M（34号）・4038M（38号）・7042M（42号） 金沢～大阪

485系9連。編成は25と同じ

2010（平成22）年3月13日～

下り◆ 4033 M（33号） 大阪～金沢

上り◆ 4008M（8号） 金沢～大阪

25の編成または下の編成

28 ←大阪 金沢→

1	2	3	4	5	6	
		◇ ◇		◇ ◇		
クロ 481- 2000	モハ 485	モハ 484	モハ 485	モハ 484	クハ 481	京キト

1号車はクロ481-2101の場合もある。

「サンダーバード」とすれ違う「雷鳥」

特急「あずさ」

赤帯のないクハ181形は、かつての「こだま」を
彷彿させる　中央本線高尾～相模湖　1975年7月

新宿と松本を結ぶ特急として2往復で運行を開始した「あずさ」は、今では16往復にまで成長し中央本線のエースとして活躍している。

特急「あずさ」誕生まで

「あずさ」の愛称は、槍ヶ岳を源流とし、上高地で大正池を形成する梓川を由来としている。この名称が列車の愛称として登場するのは、1960（昭和35）年1月1日のことで、新宿～松本間を走る夜行の不定期準急に採用された。この年の3～4月にも臨時列車として運転されたが、4月の定期列車への昇格と同時に急行「白馬」に愛称が変更された。
当時の中央本線は、戦前に甲府まで電化されていたが、その先は戦後になってからで、1962（昭和37）年5月21日に上諏訪〜辰野間、1964（昭和39）年10月1日に甲府〜上諏訪間と南松本〜松本間、そして1965（昭和40）年5月20日に辰野〜南松本間が電化され、新宿〜松本間を165系急行が走り出した。
これを機に特急列車の運転も計画され、車両は直流特急車両を代表する181系の投入となった。ちょうど信越本線でも上野〜長野間で特急の運転が計画されており、両列車の愛称名は公募に決められ、中央本線は「あずさ」、信越本線は「あさま」に決まった。

「あずさ」運転開始

「あずさ」「あさま」に使用される181系は、東海道本線の「こだま」などに使用された151系と上越線「とき」用として新製した161系を出力アップした形式で、151系から改造した0番台、161系から改造した40番台、181系として誕生した100番台の3タイプが存在した。
151系からの改造車は東海道新幹線開業で、西の向日町運転所に転属していたが、「とき」用の181系は田町電車区が受け持っており、「あずさ」「あさま」も同区の担当となった。
車両は新製車のほかに、向日町運転所からも10両が転入して、「あずさ」と「とき」は10両編成で共通運用。「あさま」は8両編成で単独運用が組まれた。中央本線はトンネルの断面が小さいため、その対策として先頭車屋根上の前照灯を撤去し、パンタグラフの折りたたみ高さを3960㎜に下げるなどの改造を施した。「とき」や「あさま」も車両が共通のため同仕様に改造された。
1966（昭和41）年12月12日、新宿〜松本間に2往復の「あずさ」が運行を開始した。当日の松本駅では「第1あずさ」で出発式が行われ、記念のヘッドマークと日章旗で飾られた181系が新宿に向かって出発した。
華々しいデビューと思われたが、10時10分に甲府駅出発した下り1M「第1あずさ」が次の竜王駅間で耕運機と衝突し運行不能となり、「第1あずさ」は甲府駅まで戻り運転取りやめた。ちょうど上りの新宿行急行「第2アルプス」が165系12両編成（基本8両＋付属4両）で到着したため、付属4両を切り離し、これを急遽下り「第1あずさ」に仕立てた。
当時の中央本線急行にはヘッドマークが装着されていたので、「アルプス」のマークに、紙に書かれた「あずさ」が張られた。折り返しの4M「第2あずさ」も165系12連に変更され運転されるなど、さんざんなデビューとなった。
なお、運行開始時の時刻は以下となる。

1M　「第1あずさ」　新宿8時00分→松本11時57分
3M　「第2あずさ」　新宿16時20分→松本20時18分

2M　「第1あずさ」　松本8時00分→新宿11時58分
4M　「第2あずさ」　松本15時10分→新宿19時08分

「あずさ」は181系によりスタートした　東中野～中野　1975年9月

増発と配置区の移管

「ヨン・サン・トウ」と呼ばれた1968（昭和43）年10月1日ダイヤ改正は、全国で約180本もの列車が増発され、在来線の特急は50本にもおよんだ。「あずさ」も1往復が増発され3往復となったが、増発分は季節列車としての設定だった。

この改正により、田町電車区は新製の181系や向日町運転所からの転入車などで配置両数が126両に達していた。同区には東海道本線の157系や153系も配置されており、収容能力は限界を迎えていた。そこで、1969（昭和44）年7月1日に新潟運転所に「とき」「あずさ」用の94両、長野運転所（長ナノ）に「あさま」用の32両が転出し、田町電車区から「こだま」形電車が姿を消した。

「あずさ」は、「とき」と共に新潟運転所（新ニイ）の担当に変わったが、変わらず共通運用が組まれた。「あずさ」と「とき」は編成内の号車が逆で、グリーン車も「あずさ」は8・9号車「とき」は2・3号車となっている。なぜこのような事態になるかというと、田町電車区に配置時代、「とき」は東京経由で上野へ、「あずさ」は山手貨物線経由で新宿に回送した。その際、上野方（電車区では品川方）を1号車とすると、山手貨物線で新宿に着くと1号車が松本方になってしまうわけだ。配置が新潟運転所に変更されても、上野～東京～品川～新宿と回送すれば、1号車が松本方となる。逆に「あずさ」も同じルートで回送するので、上野で新潟方が1号車となるわけだ。

この号車札の差し替えは、当初は田町電車区。新潟運転所に変わってからは、三鷹電車区と東大宮操車場で行われていた。10両分の車内と側面、さらに愛称板の交換もあるので、かなり時間がかかる作業だったようだ。

1970（昭和45）年10月1日改正では、季節列車1往復が増発され、定期2往復、季節列車2往復の4往復体制となった。季節列車が多いのは登山や観光客の利用が多い中央本線の事情があるようだ。

1971（昭和46）年4月26日、長野県と富山県をバスやケーブルカーで結ぶ立山・黒部アルペンルートが開通し、この日から1M「あずさ1号」と折り返しの6004M「あずさ2号」が大糸線の信濃大町まで延長された。「あずさ」初の大糸線乗り入れで、時刻は以下となる。

1M　「あずさ1号」　新宿8時00分→信濃大町12時26分
6003M　「あずさ2号」　新宿9時40分→松本13時21分
6005M　「あずさ3号」　新宿13時00分→松本16時42分

7M　「あずさ 4 号」　新宿 17 時 45 分→松本 21 時 30 分

2M　「あずさ 1 号」　松本 8 時 00 分→新宿 11 時 37 分
6004M　「あずさ 2 号」　信濃大町 12 時 49 分→新宿 17 時 11 分
6M　「あずさ 3 号」　松本 15 時 05 分→新宿 18 時 44 分
6008M　「あずさ 4 号」　松本 18 時 00 分→新宿 21 時 44 分

新幹線が岡山まで開業した 1972（昭和 47）年 3 月 15 日改正からは、1M「あずさ 1 号」と 6M「あずさ 3 号」が白馬まで延長された。

白馬まで延長された「あずさ 1 号」。車内には安曇野観光に向かう女性客が多く見られた　新宿　1972 年 6 月 25 日

「あずさ」に183系を使用

「あずさ」は、2往復で運転を開始したが、その後の増発は季節列車の2往復しかなかった。増発の要望も多かったが、使用車両の181系が製造を終了しており、これまで485系の投入で向日町運転所から新潟運転所へ転入した181系は「とき」の増発が優先され、「あずさ」には車両がなかなか回ってこなかった。

しかし、1972（昭和47）年10月のダイヤ改正で、向日町運転所の181系運用が大幅に485系に置き換わることとなり、余剰となった181系32両が新潟運転所に転属し、「あずさ」「とき」の増発に充てられることとなった。

ただ、転入車には耐寒耐雪の工事が必要で、10月のダイヤ改正には必要両数が間に合わなかった。そこで、改造期間中は幕張電車区（千マリ）の房総用183系で2往復を代走することとした。

183系は、1972（昭和47）年7月15日に内房線と外房線の特急「さざなみ」「わかしお」をとしてデビューした車両。使用する房総地区は、夏季の海水浴客輸送が一番忙しい時期で、それ以降は車両に余裕があったため、代走「あずさ」に抜擢された。

ただ、183系は、9月2日から10月1日までの土休日に新宿～上諏訪間の臨時特急「あずさ51号」として中央本線にデビューしているが、定期列車はこれが初めてとなる。

1972（昭和47）年10月2日のダイヤ改正で、「あずさ」は6往復に増発された。183系使用列車は下り「あずさ3・6号」、上り「あずさ1・4号」で、このうち下りの6号と上り2号は甲府発着列車となり、現在の特急「かいじ」の起源となる列車でもある。また、季節列車もすべて定期列車に格上げされた。

1M	「あずさ1号」	新宿8時00分→白馬12時46分	
3M	「あずさ2号」	新宿9時00分→松本12時43分	
5M	「あずさ3号」	新宿10時00分→松本13時32分	183系
7M	「あずさ4号」	新宿12時50分→松本16時30分	
9M	「あずさ5号」	新宿17時45分→松本21時25分	
21M	「あずさ6号」	新宿20時00分→甲府21時52分	183系
22M	「あずさ1号」	甲府7時35分→新宿9時28分	183系
2M	「あずさ2号」	松本8時00分→新宿11時30分	
4M	「あずさ3号」	松本13時40分→新宿17時11分	
6M	「あずさ4号」	松本14時40分→新宿18時19分	183系

8M　「あずさ 5 号」　白馬 14 時 22 分→新宿 19 時 19 分
10M　「あずさ 6 号」　松本 17 時 05 分→新宿 20 時 36 分

181 系の耐寒耐雪工事は、予定よりも早く終了し 12 月 1 日からは、所定の 181 系に変更され、定期列車での 183 系使用は一旦終了した。ただし、「あずさ銀嶺 53 号」など臨時列車へは 183 系が使用された。

183 系が使用された「あずさ 3 号」高円寺
1972 年 11 月

183 系による甲府行「あずさ」も新設された
1972 年 11 月

運用が長野運転所に移り、新宿方の先頭車はクハ180形が使用される　高尾〜相模湖　1975年7月

10往復に増発と183系の本格使用

1973（昭和48）年10月1日のダイヤ改正では、10往復に増発されL特急の仲間入りを果たした。車両も新潟運転所の「あずさ」運用車が長野運転所に転属し、「あさま」と共通運用を組むようになった。

増発による車両は、向日町運転所に残っていた181系26両のうち24両が長野運転所へ、新潟運転所からは10両が転入し、既存の「あさま」用と含め86両配置となった。ただ、これでは「あずさ」の増発分が不足するため、5往復は幕張電車区の183系が充てられた。183系はこの改正に備えて「あずさ」用に増備が行われており、昨年の代走からようやく定期列車への投入となった。

この改正での時刻は以下だが、歌手の狩人が大ヒットさせた8時ちょうどの「あずさ2号」白馬行は、この改正で誕生した。

6001M	「あずさ1号」	新宿6時40分→松本10時23分	
3M	「あずさ2号」	新宿8時00分→白馬12時49分	183系
5M	「あずさ3号」	新宿9時00分→松本12時45分	
7M	「あずさ4号」	新宿10時00分→松本13時45分	183系
9M	「あずさ5号」	新宿13時00分→松本16時46分	183系

幕張電車区の183系で信濃路を目指す「あずさ1号」 高尾～相模湖 1974年11月

11M 「あずさ6号」 新宿14時00分→松本17時39分
13M 「あずさ7号」 新宿15時00分→松本18時39分
15M 「あずさ8号」 新宿18時00分→松本21時44分
17M 「あずさ9号」 新宿19時00分→松本22時46分 183系
21M 「あずさ10号」 新宿20時00分→甲府21時54分 183系

22M 「あずさ1号」 甲府7時35分→新宿9時26分 183系
2M 「あずさ2号」 松本8時00分→新宿11時30分 183系
4M 「あずさ3号」 松本10時00分→新宿13時30分
6M 「あずさ4号」 松本11時00分→新宿14時33分
8M 「あずさ5号」 松本13時40分→新宿17時11分
10M 「あずさ6号」 松本14時40分→新宿18時20分 183系
12M 「あずさ7号」 白馬14時12分→新宿19時20分 183系
14M 「あずさ8号」 松本17時16分→新宿20時52分 183系
16M 「あずさ9号」 松本18時16分→新宿21時45分
6018M 「あずさ10号」 松本19時22分→新宿22時51分

189系の登場

長年元祖直流特急電車として活躍してきた181系も老朽化が否めず、1974（昭和49）年より置き替えが計画され、上越線「とき」には183系1000番台、信越本線「あさま」と中央本線「あずさ」には189系を投入することとした。

「とき」用の183系は1974（昭和49）年に38両を製造、同年12月28日から3往復で使用を開始した。「あさま」用の189系は、72両が1975（昭和50）年5～6月に落成し、7月1日に全部の「あさま」を置き換えた。

残る「あずさ」は、同年11～12月に30両が投入されることとなり、「あさま」用の予備車を捻出して10月27日、11月9日に、車両増備で12月9日にと順次置き換えが行われた。これにより12月9日以降は、181系が姿を消した。

なお、この投入よりも前の7月9～24日に、181系の検査入場による車両不足で189系1本が「あずさ」で運用された。

189系「あずさ」。写真は7月に運転された181系代走列車　吉祥寺　1975年7月16日

COLUMN

クハ181のチャンピオンマーク

チャンピョンマークを付けたクハ181

181系の0番台は151系からの改造車だ。151系は東海道本線の「こだま」や「つばめ」「はと」「富士」などで使用された名車両で、1959（昭和34）年7月31日に東海道本線金谷～藤枝間で行われた高速度試験で、当時の狭軌鉄道では最高速度となる163km/hを記録した。

使用された車両は東京方からクハ151-3(クハ26003)＋モハ151-3（モハ20003）＋モハシ150-3（モハシ21003）＋モハシ150-4（モハシ21004）＋モハ151-4（モハ20004）＋クハ151-4（クハ26004）の6両編成で、当時はカッコ内の20系の形式だった。

この時使用された先頭車のクハ151-3・4には、試験後163km/を樹立したチャンピオンマークが正面ヘッドマーク下と運転台に取り付けられた。

東海道新幹線が開業すると、この2両は向日町運転所に転出し、クハ181形に形式が変わった。その改造でもチャンピオンマークは存続し、山陽路で威風堂々とした姿で快走した。

この2両に転機が訪れたのは、山陽新幹線が岡山なで開業した1972（昭和47）年3月のダイヤ改正、181系特急の一部を485系に置き換えたため余剰となり、クハ181-3は、1972年2月に長野運転所へ、クハ181-4は新潟運転所へ転属した。クハ181-3は、「あさま」で、クハ181-4は「とき」「あずさ」で運用を開始し、関東地区でチャンピオンマークを見かけるようになった。翌年に新潟運転所の「あずさ」運用が長野運転所に移管されると、クハ181-3は「あずさ」「あさま」での使用に変わった。

「かっこいいなぁ」これがチャンピオンに対しての素直な感想だ。走っている姿も撮りたいと思い沿線で待つときに限ってやってこない。今のようにSNSが発達していれば、即座に情報を得られただろう。

そのうち撮れるだろうと暢気に構えていたが、1975（昭和50）年5月15日に新宿駅で見たクハ181-3に衝撃を覚えた。「チャンピオンマークがない！」栄光の印がついていた部分は、明らかに剥がされた跡が見える。これで念願のチャンピオンが走る姿は、永遠に見られなくなってしまった。

では、もう1両のクハ181-4はというと、これもすでに撤去されたとの情報を得た。そして、この2両は同年に廃車となったしまった。

栄光のマークがまぶしいぐらい輝いていた。

剥がされた跡が見えるクハ181-3

12両に増強と183系1000番台の投入

1978（昭和53）年10月2日ダイヤ改正はでは、「あさま」「あずさ」の輸送力増強が実施され、189系使用の5往復が12連に増強された。

上越新幹線が開業した1982（昭和57）年11月15日のダイヤ改正で、上越線の「とき」で使用していいた183系1000番台が捻出され、長野運転所に84両が転入した。この183系1000番台を使用して2往復を増発、幕張電車区の2往復を移管した。183系1000番台は、「あさま」では使用できないため「あずさ」で運用され、不足分は189系が使用された。

東北新幹線上野開業による1985（昭和60）年3月14日改正では、運行本数は変らないものの、運用の変更が実施され、幕張電車区運用の「あずさ」を長野運転所が受け持つこととなった。このため、長野運転所に183系1000番台の9両編成が誕生し、6往復で運用された。12両編成は6往復に削減され、189系との共通運用もなくなった。

なお、この改正前の1983（昭和58）年7月5日に、岡谷〜塩尻間が塩嶺ルートに変更され、同区間を最高速度120km/hでの運行が開始された。これにより「あずさ」の新宿〜松本間は17〜26分短縮され、最短3時間16分で運行されるようになった。

名車181系も1975年に「あずさ」から撤退。新宿駅2番線に停車中の181系　1975年8月

大増発された「あずさ」

1986（昭和61）年11月1日は、翌年4月の分割民営化を控えた国鉄最後のダイヤ改正となった。「あずさ」は12往復から、下り22本、上り23本と大幅な増発となり、全列車が9両編成で統一された。

これまで「あずさ」の始発終着駅は新宿のみだったが、東京駅や千葉駅が加わり、新宿〜甲府間列車も5往復に増強された。大糸線乗り入れも3往復に増発され、1往復の臨時列車を除いて南小谷発着となった。

車両の配置区も変更され、「あずさ」用車両は、すべて松本運転所（長モト）に変更された。

183系グレードアップ車の登場

「あずさ」のライバルでもある高速バス対策として、183系をグレードアップする改造が実施され、1987（昭和62）年12月26日から、「あずさ17・39・4・30号」で運用を開始した。このグレードアップ車は、翌年にも1本改造され、1988（昭和63）年3

189系12両編成に増強された「あずさ」　中央本線塩山〜東山梨　1983年10月

八ヶ岳をバックに9両編成で走る「あずさ」 中央本線長坂〜小淵沢 1987年9月

月13日改正から、3往復がグレードアップ車で運用された。

車内は、グリーン車と指定席の座席の床面をかさ上げし、側窓を天方向に拡大した。塗色もホワイトをベースにピンクとグリーンの帯を配し、外観からもグレードアップ車の存在感を示した。

新宿〜甲府間列車は、この改正で「かいじ」に列車名を変更、それにより「あずさ」は18往復となり、「かいじ」用の6両編成が送り込みを兼ねて「あずさ33・10号」で運用された。

主に6両編成で運転を開始した「かいじ」だが、意外と混雑するため、全列車を183系9両編成にすることとし、1993(平成5)年7月13日から6両編成は姿を消した。グレードアップ車の改造も進められ、8本目が登場した時点で18往復中11往復がグレードアップ車で運用された。

横浜、千倉、成田空港、長野にも姿を見せた「あずさ」

「あずさ」は中央本線と大糸線を中心とした列車だが、臨時列車として意外な場所に姿を現している。

1987年12月に登場したグレードアップ車　中央本線小淵沢～信濃境　1982年8月22日

1987（昭和62）年7月18日から8月16日の間、千葉発着の「あずさ８・31号」が千倉まで延長運転された。内房線へは初入線で、山育ちの「あずさ」が初めて海を見たわけだ。この臨時延長は1990（平成2）年夏まで続けられた。

長野への延長運転は1989（平成元）年3月11日改正から「あずさ25・12号」25M～8075M、12M～8072Mとして運転を開始した。ダイヤ改正で使用列車が変更されたり、末期は下りのみとなったが、1996（平成8）年3月16日のダイヤ改正で廃止された。

横浜駅乗り入れは、1990（平成2）年12月23日から休日に、新宿着の「あずさ34号」を臨時列車として横浜まで延長された。上りのみだが、下りは「かいじ101号」が横浜発となっていた。1992（平成4）年9月まで運転された。

1991（平成3）年3月19日、成田～成田空港間が開業し「成田エクスプレス」の運行が始まった。これに伴い、千葉発着の「あずさ23・12号」を土休日に成田空港まで延長し、「ウィングあずさ」の列車名が与えられた。この列車は長野発着列車で、車両は183系の9両編成が使用され、時期によりグレードアップ車でも運転された。

1993（平成5）年3月からは下りが松本行に変更され、9月で運転が終了した。

佐倉駅でNEXに抜かれる「ウィングあずさ」 1992年3月

「あずさ」の新塗色化

「あずさ」のイメージアップを図るため、JR東日本長野支社では「あずさ」用の車両の塗色変更が実施された。グレイを基調に窓周りと裾をブルーとし、窓下にバイオレットの帯を配した。

第1編成は1992（平成4）年7月21日から運用を開始し、その後、グレードアップ車も含め全車両が1994（平成6）年1月までに塗り替えられた。

E351系投入

「あずさ」のライバルとなる高速バスは、高速道路の延伸と共に路線網を延ばし、価格面で有利な状況となっていた。それに対応するためスピードアップを図りたかったが、183系では限界があり、さらに車両の老朽化も進んでいた。

そこで、新型の振り子電車を投入し、スピードアップと居住性の改善を図ることとした。形式は、JR東日本を表すE(East)を初めて頭に付けたE351系とした。編成は、大糸

上・新長野色となった 183 系　中央本線勝沼ぶどう郷　1995 年 4 月 13 日
下・「あずさ」で運転を開始した E351 系　中央本線すずらんの里～青柳　1993 年 12 月

線内での運転も考慮して、基本8＋付属4の12両編成とし、貫通運転台車には自動ホロ装置や自動連結・解放装置が取り付けられ、２つの顔が誕生した。
運転開始は1993（平成5）年12月23日で、「あずさ9･31･4･26号」で限定運用された。「あずさ9･4号」は南小谷発着列車のため、さっそく松本駅の分割併合作業が見られた。なお、E351系の投入に合わせ、12月1日ダイヤ改正で、一部列車の行先や快速運転の特急格上げなどを実施している。

「スーパーあずさ」を新設

E351系は「あずさ」としてデビューしたが、1994（平成6）年12月3日のダイヤ改正で130km/h運転を開始し、列車名も「スーパーあずさ」とした。4往復が設定されたうち、1往復は新宿～南小谷間の運転で、引き続き大糸線内でも運転が行われた。当初大糸線へは付属の4両での運転で計画されたが、乗車率が高く多客期は基本編成の8両で運転されることが多かった。松本駅では付属の4両から乗客が降車した後、下り線に4両を逃がしてから大糸線へ8両が出発するため、手間と遅延の基となった。
そこで、基本と付属の組み換えを行い、1995（平成7）年6月3日から、基本編成が5～12号車、付属編成は1～4号車とし、大糸線へは5～12号車が乗り入れた。
「スーパーあずさ」運転開始時の時刻は以下で、最速の「スーパーあずさ1号」は、新宿～松本間を2時間30分で走破した。
なお、E351系は予備車なしの運用のため、「スーパーあずさ3・7・4・8号」は、車両検修の火・水曜日は183系が「あずさ」として代走した。そのため、この4列車は最高速度を120km/hに抑えられている。

1M 「スーパーあずさ1号」 新宿10時00分→南小谷13時39分
3M 「スーパーあずさ3号」 新宿13時00分→松本15時41分
5M 「スーパーあずさ5号」 新宿19時00分→松本21時32分
7M 「スーパーあずさ7号」 新宿20時00分→松本22時48分

2M 「スーパーあずさ2号」 松本6時50分→新宿9時26分
4M 「スーパーあずさ4号」 松本9時12分→新宿12時06分
6M 「スーパーあずさ6号」 南小谷14時52分→新宿18時36分
8M 「スーパーあずさ8号」 松本16時45分→新宿19時36分

E351系は「スーパーあずさ」として運転を開始　篠ノ井線塩尻～広岡　1996年3月

なお、「スーパーあずさ」の設定で列車番号、列車号数1～が「スーパーあずさ」、51～が「あずさ」に変更された。

大糸線を走る基本編成。4，5号車は貫通型の顔を持つ　大糸線安曇沓掛～信濃常盤　1995年8月

COLUMN

「あずさ2号」

「あずさ２号」と言えば、多くの人は歌謡曲を思い浮かべるだろ。この曲は 1977（昭和 52）年3月にリリースされた狩人のデビュー曲で、シングルレーコードの総売り上げは 50 万枚以上といわれている。歌詞の内容は、今までの恋人と別れ、新しい恋人と新宿 8 時発の「あずさ２号」で信州に旅に出るという内容だ。

では、この時代の「あずさ２号」とはどんな列車だったのかというと、新宿駅を 8 時に 5 番線から発車する大糸線直通列車で、終点白馬駅には 12 時 49 分に到着、車両は幕張電車区の 183 系9 両編成が使用された。

当時の新宿駅は中央本線の特急、急行は主に 1，2 番線（現在の 7，8 番線）、中央線快速の東京方面が 3，4 番線（現在の 9，10 番線）、中央線快速高尾方面が 5、6 番線（現在の 11、12 番線）から発車していた。「あずさ２号」が 1，2 番線から出発すると、2 ～ 3 分間隔で電車がやってくるラッシュ時間帯の中央快速上り線を横断しなくてはならない。そこで、中央快速の下りホームで、快速があまり使用しない 5 番線が選ばれ、幕張電車区から回送の 183 系がラッシュを避けるため、早めに据え付けられた。

歌謡曲により一躍有名になった「あずさ２号」だったが、1978（昭和 53）年 10 月 2 日改正で、列車の号数を下りは奇数、上りは偶数としたため、「あずさ２号」は「あずさ３号」に変更されることとなった。

最終日となる 10 月 1 日には、新宿駅 5 番ホームでお別れセレモニーが予定されたが、富士見～信濃境間での貨物列車脱線事故により、「あずさ２号」は運休となってしまった。そのため、前日の 9 月 30 日が「あずさ２号」白馬行の最終列車となった。

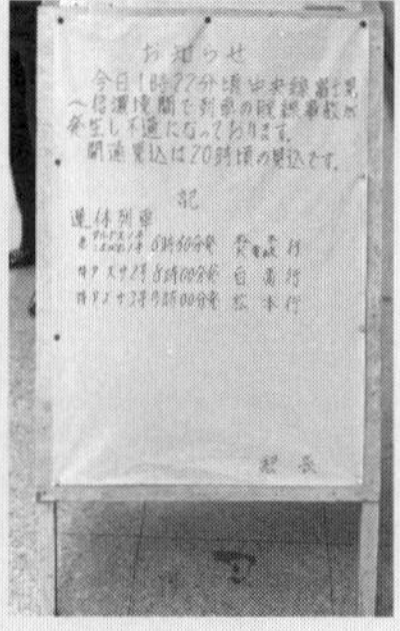

左・新宿駅 5 番線から発車する「あずさ２号」　右・10 月 1 日の脱線事故で「あずさ２号」は運休となった

「スーパーあずさ」の増発

1996（平成8）年3月16日のダイヤ改正で、「スーパーあずさ」は8往復に倍増されることとなり、E351系の2次車36両が製造された。1次車の使用実績を基にモデルチェンジが行われ、1次車も2次車に合わせた仕様に改造された。そのため1次車は1000番台に改番され、2タイプの編成が供用された。

行先も「スーパーあずさ4号」が東京駅まで乗り入れ、大糸線へは、2往復が定期で、1往復が臨時で南小谷まで運転された。

これにより「あずさ」は10往復に削減され、このうち5往復がグレードアップ車で運用となった。

長野の「あずさ」復活

1997（平成9）年10月1日に長野新幹線が開業し、在来線の「あさま」は役目を終えることとなった。大量に余剰となる189系のうち、グレードアップ改造を施した11両編成9本を下り5本、上り4本の「あずさ」に投入することした。ただ、189系とはグレードアップ車の位置が異なることから、先頭車の方向転換や中間車の組み込み位置、塗色の変更を行った。4編成の改造には約1年かかり、その間は183系9両編成が代走した。車両所属はそのまま長野総合車両所（長ナノ）が受け持った。

183系9両編成のグレードアップ編成と一般編成は、この改正で共通運用となったが、一般編成の方が数が少なく、逆に珍しい存在となっていた。

なお、長野総合車両所の189系9両編成は、臨時の「あずさ」でも使用され、「あさま」色の「あずさ」の姿も見られた。

E257系誕生

183系は、グレードアップ改造を行ったとはいえ、製造から20年以上が経過し老朽化が目立ち始めていた。そんな183系を置き換えるため、E257系が2001（平成13）年に誕生した。

E257系は、E351系のような振り子装置は持たない一般的な特急車両で、速達性よりもシンプルさを求めた車両となった。本来ならE351系の増備で統一したほうが効率は良いのだが、JR東日本初の振り子車のため、メンテナンスやコスト面で一般の特急車両に変更されたようだ。

編成は基本 9 両に、増結用の 2 両を加えて、最大 11 両編成での運転を行う、増結用の 2 両は、単独での運転を考慮していないため、2 号車のクモハ E257 形は簡易運転台を備えワンタッチホロ装置を搭載している。ただ、運転装置などは 1 号車などの先頭車と同じ仕様としているので、増結だけではもったいない気もする。

E257 系は、2001（平成 13）年 12 月 1 日から、11 両編成で 3 往復に投入され、長野総合車両所の 189 系 11 両編成の一部運用を置き換えた。

さらに、翌年の 3 月 27 日からは、11 両編成が 4 往復、9 両編成が 2 往復で運用を開始し、189 系 11 両編成は消滅、183 系 9 両編成も下り 4 本、上り 5 本まで運用数を減らした。

そして、2002（平成 14）年 12 月 1 日改正で、183 系は定期列車から撤退し、「あずさ」は E351 系と E257 系での運転に変わった。

183 系置き換え用に E257 系が登場した　中央本線高尾〜相模湖　2018 年 1 月

正面の顔は非貫通型と貫通型で異なる　篠ノ井線松本　2001 年 6 月

クモハ E257 形の簡易運転台　三鷹電車区　2001 年 12 月

現在の「あずさ」は E353 系で運転されている　中央本線鳥沢〜猿橋　2018 年 1 月 19 日

E353 系登場

「スーパーあずさ」として活躍してきた E351 系も、すでに誕生から 20 年が過ぎていることから、新しい特急車両への置き換えが計画された。さらに、E257 系を 185 系の置き換えに転用し、中央線特急の形式統一を図ることとした。

新型車両の E353 系は、空気バネ式車体傾斜装置を搭載して、E351 系と同等の最高速度 130km/h での運転を可能とした。編成は先頭車を貫通型とした基本 9 両と付属 3 両の 12 両編成。ただし、1，12 号車の貫通扉は準備工事に留め、使用できるのは 3，4 号車間となる。

2017（平成 29）年 12 月 23 日より、「スーパーあずさ」4 往復を置き換え、2018（平成 30）年 3 月 17 日で「スーパーあずさ」の置き換えが完了した。

さらに同年 7 月 1 日からは「あずさ」にも進出、2019（平成 31）年 3 月 16 日改正で、全列車が E353 系での運転に変わり、「スーパーあずさ」の列車名は廃止され「あずさ」に統合された。

2020（令和 2）年 3 月 14 日改正では、列車の号数を「かいじ」と統合し、「あずさ」だけの号数を見ると欠番が発生している。また、これまで「かいじ」で行っていた富士急行線河口湖に直通する「富士回遊」との併結が「あずさ」でも始まった。

東中野付近を走る「あずさ」 中央本線東中野〜中野 2023 年 4 月

新宿へ向かう E353 系「あずさ」 中央本線新府〜穴山 2018 年 1 月

「あずさ」編成の変遷

1966（昭和 41）年 12 月 12 日～

下り◆ 1M(第 1)・3M（第 2）　新宿～松本

上り◆ 2M（第 1）・4M（第 2）　松本～新宿

❶ ←新宿　松本→

1	2	3	4	5	6	7	8	9	10	
クハ 181	◇モハ 181◇	モハ 180	◇モハ 181◇	モハ 180	サシ 181	サハ 181・180	モロ 180	◇モロ 181◇	クハ 181	東チタ

1968（昭和 43）年 10 月 1 日～

下り◆ 1M（1 号）・6003M（2 号）・5M（3 号）　新宿～松本

上り◆ 2M（1 号）・6004M（2 号）・6M（3 号）　松本～新宿

181 系 10 連。編成は 1 と同じ

1969（昭和 44）年 7 月 1 日～

181 系 10 連の所属を新ニイに移管

❷ ←新宿　松本→

1	2	3	4	5	6	7	8	9	10	
クハ 181	◇モハ 181◇	モハ 180	◇モハ 181◇	モハ 180	サシ 181	サハ 181・180	モロ 180	◇モロ 181◇	クハ 181	新ニイ

1970（昭和 45）年 10 月 1 日～

下り◆ 1M（1 号）・6003M（2 号）・6005M（3 号）・7M（4 号）新宿～松本

上り◆ 2M（1 号）・6004M（2 号）・6M（3 号）・6008M（4 号）　松本～新宿

181 系 10 連。編成は 2 と同じ

1971（昭和 46）年 4 月 26 日～

下り◆ 1M ～ 6011M（1 号）・6003M（2 号）・6005M（3 号）・7M（4 号）　新宿～松本

上り◆ 2M（1 号）・6014 M～ 6004M（2 号）・6M（3 号）・6008M（4 号）　松本～新宿

1M ～ 6011M と 6014M ～ 6004M は新宿～信濃大町

181 系 10 連。編成は 2 と同じ

1972（昭和 47）年 3 月 15 日～

下り◆ 1M ～ 6011M（1 号）・3M（2 号）・6005M（3 号）・7M（4 号）　新宿～松本

上り◆ 2M（1 号）・4M（2 号）・6016 M～ 6M（3 号）・6008M（4 号）　松本～新宿

1M ～ 6011 M と 6016 M～ 6 M は新宿～白馬

181 系 10 連。編成は 2 と同じ

1972（昭和 47）年 10 月 2 日〜

下り◆ 1M 〜 6011M（1 号）・3M（2 号）・7M（4 号）・9M（5 号） 新宿〜松本

上り◆ 2M（2 号）・4M（3 号）・6M（4 号）・(6018 M〜 8M（5 号）・10M（6 号） 松本〜新宿

1M 〜 6011 M と 6018 M〜 8 M は新宿〜白馬

181 系 10 連。編成は 2 と同じ

以下の列車は 12 月 1 日以降 181 系 10 連。編成 2 に変更

下り◆ 5M（3 号）新宿〜松本・21M（6 号） 新宿〜甲府

上り◆ 22M（1 号）甲府〜新宿・6M（4 号）松本〜新宿

❸ ←新宿　　松本→

1	2	3	4	5	6	7	8	9	
クハ 183	モハ 183	モハ 182	モハ 183	モハ 182	モハ 183	モハ 182	サロ 183	クハ 183	千マリ

1973（昭和 48）年 10 月 1 日〜

下り◆ 6001M（1 号）・5M（3 号）・11 M（6 号）・13 M（7 号）・15 M（8 号）新宿〜松本

上り◆ 4 M（3 号）・6 M（4 号）・8 M（5 号）・16 M（9 号）・6018M（10 号） 松本〜新宿

下り◆ 3M 〜 6003M（2 号）・7M（4 号）・9M（5 号）・17M（9 号）・21M（10 号） 新宿〜松本

上り◆ 22M（1 号）・2M（2 号）・10M（6 号）・6012M 〜 12M（7 号）・14M（8 号） 松本〜新宿

3M 〜 6003M と 6012M 〜 12M は新宿〜白馬、21M と 22M は新宿〜甲府

183 系 9 連（千マリ）。編成は 3 と同じ

1975（昭和 50）年 12 月 9 日～

下り◆ 6001M（1 号）・5M（3 号）・11 M（6 号）・13 M（7 号）・15 M（8 号）　新宿～松本
上り◆ 4 M（3 号）・6 M（4 号）・8 M（5 号）・16 M（9 号）・6018M（10 号）　松本～新宿

6 ←新宿　　松本→

1	2	3	4	5	6	7	8	9	10	
	◇　◇		◇　◇				◇　◇			
クハ 189-500	モハ 188	モハ 189	モハ 188	モハ 189	サロ 189-100	サロ 189	モハ 188	モハ 189	クハ 189	長ナノ

183 系使用列車は変更なし

1978（昭和 53）年 10 月 2 日～

下り◆ 6001M（1 号）・5M（5 号）・11 M（11 号）・13 M（13 号）・15 M（15 号）　新宿～松本
上り◆ 4 M（3 号）・6 M（4 号）・8 M（5 号）・16 M（9 号）・6018M（10 号）　松本～新宿

7 ←新宿　　松本→

1	2	3	4	5	6	7	8	9	10	11	12	
	◇　◇		◇　◇				◇　◇		◇　◇			
クハ 189-500	モハ 188	モハ 189	モハ 188	モハ 189	サロ 189-100	サロ 189	モハ 188	モハ 189	モハ 188	モハ 189	クハ 189	長ナノ

下り◆ 3M ～ 6003M（2 号）・7M（4 号）・9M（5 号）・17M（9 号）・21M（10 号）　新宿～松本
上り◆ 22M（1 号）・2M（2 号）・10M（6 号）・6012M ～ 12M（7 号）・14M（8 号）　松本～新宿
3M ～ 6003M と 6012M ～ 12M は新宿～白馬、21M と 22M は新宿～甲府
183 系 9 連（千マリ）。編成は 3 と同じ

1982（昭和 57）年 11 月 15 日

下り◆ 3M（3 号）・5M（5 号）・7M（7 号）・9M（9 号）・11M（11 号）・15M（15 号）・17M（17 号）・19M（19 号）・23M（23 号）　新宿～松本
上り◆ 2M（2 号）・4M（4 号）・6M（6 号）・10M（10 号）・12M（12 号）・14M（14 号）・18M（18 号）・20M（20 号）・24M（24 号）　松本～新宿
23M と 2M は新宿～甲府

8 ←新宿　　松本→

1	2	3	4	5	6	7	8	9	10	11	12	
	◇　◇		◇　◇				◇　◇		◇　◇			
クハ 189-500	モハ 188	モハ 189	モハ 188	モハ 189	サロ 189-100	サロ 189	モハ 188	モハ 189	モハ 188	モハ 189	クハ 189	長ナノ

9 ←新宿　　　　　　　　　　　　　　　　　　　　　　　　　　　　　松本→

1	2	3	4	5	6	7	8	9	10	11	12	
	◇ ◇		◇ ◇				◇ ◇		◇ ◇			
クハ183-1000	モハ182-1000	モハ183-1000	モハ182-1000	モハ183-1000	サロ183-1100	サロ183-1000	モハ182-1000	モハ183-1000	モハ182-1000	モハ183-1000	クハ183-1000	長ナノ

下り◆1M（1号）新宿～南小谷・6013M（13号）・21M（21号）　新宿～松本
上り◆8M（8号）・16M（16号）南小谷～新宿・6022M（22号）　松本～新宿
183系9連（千マリ）。編成は3と同じ

1985（昭和60）年3月14日～

下り◆5M（5号）・9M（9号）・11M（11号）・15M（15号）・17M（17号）・21M（21号）　新宿～松本
上り◆4M（4号）・6M（6号）・10M（10号）・12M（12号）・16M（16号）・20M（20号）　松本～新宿
189系または183系12連（長ナノ）。編成は8・9と同じ

下り◆1M（1号）・3M（3号）・7M～6007M（7号）・6013M（13号）・19M（19号）・23M（23M）
　新宿～松本
上り◆2M（2号）・8M（8号）・14M（14号）・18M（18号）・6022M～22M（22号）・6024M（24号）
　松本～新宿
1M・18Mは新宿～南小谷、7M～6007M・6022M～22Mは新宿～白馬、23Mと2Mは新宿～甲府

10 ←新宿　　　　　　　　　　　　　　　　　　　松本→

1	2	3	4	5	6	7	8	9	
	◇ ◇		◇ ◇			◇ ◇			
クハ183-1000	モハ182-1000	モハ183-1000	モハ182-1000	モハ183-1000	サロ183-1100	モハ182-1000	モハ183-1000	クハ183-1000	長ナノ

1986（昭和 61）年 11 月 1 日～

下り◆ 1M（1 号）・4003M（3 号）・5M ～ 8005M（5 号）・7M ～ 8007M（7 号）・9M（9 号）・11M ～ 8011M（11 号）・13M ～ 6013M（13 号）・15M（15 号）・17M（17 号）・19M（19 号）・21M（21 号）・23M（23 号）・6025M（25 号）・27M（27 号）・29M（29 号）・4031M（31 号）・6033M（33 号）・5035M（35 号）・37M（37 号）・39M（39 号）・41M（41 号）・43M（43 号）新宿～松本

上り◆ 5002M（2 号）・5004M（4 号）・6M（6 号）・4008M（8 号）・10M（10 号）・12M（12 号）・14M（14 号）・6016M（16 号）・18M（18 号）・20M（20 号）・8022M ～ 22M（22 号）・24M（24 号）・6026M（26 号）・8028M ～ 28M（28 号）・30M（30 号）・32M（32 号）・8034M ～ 34M（34 号）・36M（36 号）・38M（38 号）・4040M（40 号）・6042M（42 号）・6044M ～ 44M（44 号）・46M（46 号） 松本～新宿

1M・13M ～ 6013M・37M・10 M・36 M・6044 M～ 44 Mは新宿～南小谷、5 M～ 8005 M・8028 M～ 28 Mは新宿～白馬、4003 M・4031 M・4008 M・4040 Mは千葉～松本

5035 M・5004 Mは東京～松本、6025 M・29 M・6033 M・43 M・6 M・6042 Mは新宿～甲府、5002 Mは甲府～東京、それ以外は新宿～松本

⑪ ←新宿　　松本→

1	2	3	4	5	6	7	8	9	
クハ 183-1000	モハ 182-1000	モハ 183-1000	モハ 182-1000	モハ 183-1000	サロ 183-1100	モハ 182-1000	モハ 183-1000	クハ 183-1000	長モト

1 号車はクハ 182、9 号車はクハ 183-100 番台の場合もある

1987（昭和 62）年 12 月 26 日

新宿～松本間下り 17M・39M・上り 5004M・30M にグレードアップ車の使用開始。5004 Mは松本～東京。

⑫ ←新宿　　松本→

1	2	3	4	5	6	7	8	9	
クハ 183-1000	モハ 182-1000	モハ 183-1000	モハ 182-1000	モハ 183-1000	サロ 183-1100	モハ 182-1000	モハ 183-1000	クハ 183-1000	長モト

4~9 号車が座席ピッチ変更のグレードアップ車

1988（昭和 63）年 3 月 13 日～

下り◆ 7M（7 号）・13M（13 号）・5025M（25 号） 新宿～松本

上り◆ 5004M（4 号）・8M（8 号）・24M（24 号） 松本～新宿

5025M・5004M は東京～松本， 8M は南小谷～新宿

183 系 9 連グレードアップ車。編成は 12 と同じ

下り◆1M～3551M（1号）・4003M（3号）・5M（5号）・9M～6009M（9号）・11M（11号）・15M（15号）・17M（17号）・19M（19号）・21M（21号）・4023M（23号）・27M~3553M（27号）・29M（29号）・31M（31号）・33M（33号）・35M（35号）新宿～松本
上り◆5002M（2号）・4006M（6号）・10M（10号）・12M（12号）・14M（14号）・16M（16号）・18M（18号）・20M（20号）22M（22号）・26M（26号）・3554 M～28M（28号）・30M（30号）・4032 M（32
号）・6034 M～34 M（34号）・36 M（36号） 松本～新宿
1M～3551M・9M～6029M・27M～3553M・3554M～28M・6034M～34Mは新宿～南小谷、4003M・4023M・4006M・4032Mは千葉～松本
5002Mは松本～東京
183系9連。編成は11と同じ

下り◆33M（33号） 新宿～松本
上り◆10M（10号） 松本～新宿

⑬ ←新宿　　　　松本→

1	2	3	4	5	6
クハ 183-1000	◇モハ 182-1000◇	モハ 183-1000	◇モハ 182-1000◇	モハ 183-1000	クハ 183-1000

1号車はクハ182、9号車はクハ183-100番台の場合もある

1993（平成5）年7月13日～

全列車183系9連に統一。編成は11または12

1993（平成5）年12月1日～

下り◆9M（9号）新宿～南小谷・31M（31号）新宿～松本
上り◆4M（4号）南小谷～新宿・26M（26号）松本～新宿

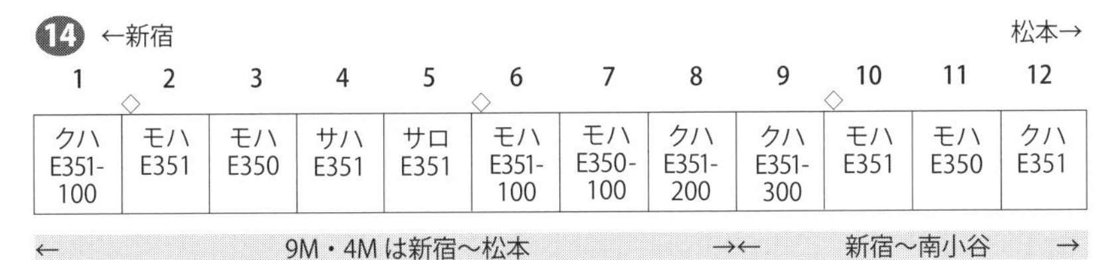

下り◆4003M（3号）・5M～8083M（5号）・7M（7号）・13M～8085M（13号）・17M（17号）・19M～8079M（19号）・21M（21号）・4023M（23号）・5025M（25号）・29M（29号） 新宿～松本
上り◆6M（6号）・8072M～4012M（12号）・14M（14号）・16M（16号）・18M（18号）・24M（24号）・8084M～4030M（30号）・34 M（34号）・36 M（36号） 松本～新宿
4003M・4023M・8084M～4030Mは千葉～松本・南小谷、19 M～8079 Mは新宿～長野、8072 M～4012 Mは長野～千葉、5025Mは東京～松本／183系9連グレードアップ車。編成は12と同じ

下り◆ 1M～3551M（1号）・5M（5号）・11M（11号）・15M（15号）・27M～3555M（27号）・33M（33号）・35M（35号） 新宿～松本
上り◆ 5002M（2号）・8M（8号）・10M（10号）・20M（20号）・22M（22号）・28M（28号）・32M（32号） 松本～新宿
1M～3551M・27M～3555M・8M・20Mは新宿～南小谷、5002Mは松本～東京
183系9連。編成は11と同じ

1994（平成6）年12月3日～

◉スーパーあずさ

下り◆ 1M（1号）新宿～南小谷・3M（3号）・5M（5号）・7M（7号） 新宿～松本
上り◆ 2M（2号）・4M（4号）・6M（6号）南小谷～新宿・8M（8号） 松本～新宿
E351系12連。編成は14と同じ

◉あずさ

下り◆ 4053M（53号）・55M～8083M（55号）・57M（57号）・61M～8085M（61号）・65M～2535M（65号）・67M（67号）・4069M（69号）・5071M（71号）・73M（73号） 新宿～松本
上り◆ 54M（54号）・4058M（58号）・60M（60号）・62M（62号）・64M（64号）・8082M～68M（68号）・8084M～72M（72号）・76M（76号）・78M（78号） 松本～新宿
4053M・4069M・4058M・4058Mは千葉～松本、8084M～72Mは南小谷～千葉、55M～8083M・61M～8085M・8082M～68Mは新宿～南小谷、65M～2535Mは新宿～長野
183系9連グレードアップ車。編成は12と同じ

下り◆ 51M（51号）・59M（59号）・63M（63号）・75M～8087M（75号）・77M（77号） 新宿～松本
上り◆ 5052M（52号）・3552M～56M（56号）・3554M～66M（66号）・70M（70号）・74M（74号） 松本～新宿
51M・75M～8087M・3552M～56M・3554M～66Mは新宿～南小谷
183系9連。編成は11と同じ

1995（平成7）年6月3日～

「スーパーあずさ」編制変更、列車本数変化なし
1M・6Mの5～12号車は新宿～南小谷、1～4号車は新宿～松本、他の列車は12両編成

⑮ ←新宿　　松本→

1	2	3	4	5	6	7	8	9	10	11	12
クハ E351-100	◇ モハ E351	モハ E350	クハ E351-200	クハ E351-300	◇ モハ E351	モハ E350	サハ E351	サロ E351	◇ モハ E351-100	モハ E350-100	クハ E351

1996（平成8）年3月16日

◉スーパーあずさ

下り◆1M（1号）・3M（3号）・5M（5号）・7M～8085M（7号）・9M（9号）・11M（11号）・13M（13号）・15M（15号）　新宿～松本

上り◆2M（2号）・5004M（4号）・6M（6号）・8M（8号）・10M（10号）・12M（12号）・8084M～14M（14号）・16M（16号）　松本～新宿

3M・5M・7M・7M～8085M・8M・10M・8084M～14Mは新宿～南小谷、5004Mは松本～東京

16 ←新宿　　　　松本→

1	2	3	4	5	6	7	8	9	10	11	12
クハ E351- 1100	モハ E351- 1000	モハ E350- 1000	クハ E351- 1200	クハ E351- 1300	モハ E351- 1000	モハ E350- 1100	サハ E351- 1000	サロ E351- 1000	モハ E351- 1100	モハ E350- 1000	クハ E351- 1000

17 ←新宿　　　　松本→

1	2	3	4	5	6	7	8	9	10	11	12
クハ E351- 0	モハ E351- 0	モハ E350- 100	クハ E350- 100	クハ E351- 100	モハ E351- 0	モハ E350- 100	サハ E351-0	サロ E351- 0	モハ E351- 100	モハ E350- 0	クハ E351- 0

◉あずさ

下り◆4051M（51号）・53M（53号）・57M～8083M（57号）・61M（61号）・67M～8357M（67号）新宿～松本

上り◆54M（54号）・60M（60号）・62M（62号）・66M（66号）・8082M～4068M（68号）松本～新宿

4051Mは千葉～松本、8082M～4068Mは南小谷～千葉、57M～8083M・67M～8357Mは新宿～南小谷、54Mは信濃大町～新宿

183系9連グレードアップ車。編成は12と同じ

下り◆55M（55号）・59M（59号）・4063M（63号）・65M（65号）・69M（69号）　新宿～松本

上り◆5052M（52号）・56M（56号）・4058M（58号）・64M（64号）・70M（70号）　松本～新宿

4063M・4058Mは千葉～松本、5052Mは松本～新宿

183系9連。編成は11と同じ

1997（平成9）年10月1日～

◉スーパーあずさ

下り◆1M（1号）・3M（3号）・5M（5号）・7M～8085M（7号）・9M（9号）・11M（11号）・13M（13号）・15M（15号）　新宿～松本

上り◆2M（2号）・5004M（4号）・6M（6号）・8M（8号）・10M（10号）・12M（12号）・8084M～14M（14号）・16M（16号）　松本～新宿

3M・5M・7M・7M～8085M・8M・10M・8084M～14Mは新宿～南小谷、5004Mは松本～東京

E351系12連。編成は16、17と同じ

◉あずさ

下り◆4051M（51号）・59M（59号）・61M（61号）・4063M（63号）・67M～8357M（67号） 新宿～松本

上り◆4054M（54号）・56M（56号）・58M（58号）・60M（60）・8082M～4068M（68号）・70M（70号） 松本～新宿

4051Mは千葉～松本、4054Mは信濃大町～千葉、8082M～4068Mは南小谷～千葉、67M～8357Mは新宿～南小谷

183・189系9連。編成は11、12、18と共通

⑱ ←東京・新宿　松本→

1	2	3	4	5	6	7	8	9	
クハ 189	モハ 188 ◇	モハ 189	モハ 188 ◇	モハ 189	サロ 189	モハ 188 ◇	モハ 189	クハ 189	長モト

グレードアップア車は1号車がクハ189-500、9号車がクハ189-0、
一般車は1号車がクハ189-0、9号車がクハ189-500

下り◆53M（53号）・55M（55号）・57M（57号）・65M（65号）・69M（69号） 新宿～松本

上り◆5052M（52号）・62M（62号）・64M（64号）・66M（66号） 松本～新宿

5052Mは松本～東京、

⑲ ←新宿　松本→

1	2	3	4	5	6	7	8	9	10	11	
クハ 189-500	モハ 188 ◇	モハ 189	モハ 188 ◇	モハ 189	サロ 189-100	サロ 188 ◇	モハ 189	モハ 188 ◇	モハ 189	クハ 189	長ナノ

2001(平成13）年12月1日～

◉スーパーあずさ

下り◆1M（1号）・3M（3号）・5M（5号）・7M～8085M（7号）・9M（9号）・11M（11号）・13M（13号）・15M（15号） 新宿～松本

上り◆2M（2号）・4M（4号）・6M（6号）・8M（8号）・10M（10号）・12M（12号）・8084M～14M（14号）・16M（16号） 松本～新宿

3M・5M・8M・10Mは新宿～南小谷、7M～8085M・8084M～14Mは新宿～白馬

E351系12連。編成は16、17と同じ

◉あずさ

下り◆53M（53号）・55M（55号）・69M（69号） 新宿～松本

上り◆5052M（52号）・66M（66号）・68M（68号） 松本～新宿

5052Mは松本～東京

20 ←新宿　　　　　　　　　　　　　　　　　　　　松本→

1	2	3	4	5	6	7	8	9	10	11
クハ E257	クモハ E257	クハ E257	モハ E257	モハ E256	モハ E257	サハ E257	サロハ E257	モハ E257	モハ E256	クハ E256

下り◆ 4051M（51号）・59M（59号）・61M（61号）・63M（63号）・67M（67号）　新宿～松本
上り◆ 4054M（54号）・58M（58号）・60M（60号）・62M（62号）・4070M（70号）・72M（72号）松本～新宿
4051M・4063M・4070Mは千葉～松本、4054Mは信濃大町～千葉、50502Mは松本～東京
183系9連グレードアップ車。編成は12と同じだが編成内に189系混結。

下り◆ 57M（57号）・65M（65号）　新宿～松本
上り◆ 56M（56号）・64M（64号）　松本～新宿
189系グレードアップ車11連（長ナノ）。編成は19と同じ

2002（平成14）年3月27日～

◉スーパーあずさ

下り◆ 1M（1号）・3M（3号）・5M（5号）・7M～8085M（7号）・9M（9号）・11M（11号）・13M（13号）・15M（15号）　新宿～松本
上り◆ 2M（2号）・4M（4号）・6M（6号）・8M（8号）・10M（10号）・12M（12号）・8084M～14M（14号）・16M（16号）　松本～新宿
3M・5M・8M・10Mは新宿～南小谷、7M～8085M・8084M～14Mは新宿～白馬
E351系12連。編成は16、17と同じ

◉あずさ

下り◆ 53M（53号）・55M（55号）・65M（65号）・69M（69号）　新宿～松本
上り◆ 5052M（52号）・64M（64号）・66M（66号）・68M（68号）　松本～新宿
5052Mは松本～東京／E257系11連。編成は20と同じ

下り◆ 57M（57号）・67M（67号）　新宿～松本
上り◆ 56M（56号）・60M（60号）　松本～新宿

21 ←新宿　　　　　　　　　　　　　　　　　　　　松本→

3	4	5	6	7	8	9	10	11
クハ E257	モハ E257	モハ E256	モハ E257	サハ E257	サロハ E257	モハ E257	モハ E256	クハ E256

下り◆ 4051M（51号）・59M（59号）・61M（61号）・4063M（63号）　新宿～松本
上り◆ 4054M（54号）・58M（58号）・62M（62号）・4070M（70号）・72M（72号）　松本～新宿
4051M・4063M・4070Mは千葉～松本、4054Mは信濃大町～千葉
183・189系9連。編成は11、12、18と同じ

2002（平成14）年12月1日～

◉スーパーあずさ

下り◆1M（1号）・3M（3号）・5M（5号）・7M～8085M（7号）・9M（9号）・11M（11号）・13M（13号）・15M（15号）　新宿～松本

上り◆2M（2号）・4M（4号）・6M（6号）・8M（8号）・10M（10号）・12M（12号）・8084M～14M（14号）・16M（16号）　松本～新宿

3M・5M・8M・10Mは新宿～南小谷、7M～8085M・8084M～14Mは新宿～白馬

E351系12連。編成は16、17と同じ

◉あずさ

下り◆4051M（51号）・53M（53号）・55M（55号）・65M（65号）・69M（69号）　新宿～松本

上り◆5052M（52号）・62M（62号）・64M（64号）・4068M（68号）・70M（70号）　松本～新宿

4051M・4068Mは千葉～松本、5052Mは松本～東京

E257系11連。編成は20と同じ

下り◆57M（57号）・59M（59号）・61M（61号）・63M（63号）・67M（67号）　新宿～松本

上り◆54M（54号）・56M（56号）・58M（58号）・60M（60号）・66M（66号）　松本～新宿

54Mは信濃大町～新宿

E257系9連。編成は21と同じ

2002（平成14）年12月1日～

◉スーパーあずさ

下り◆1M（1号）・5M（5号）・11M（11号）・15M（15号）・21M（21号）・23M（23号）・27M（27号）・31M（31号）・33M（33号）　新宿～松本

上り◆4M（4号）・6M（6号）・14M（14号）・16M（16号）・22M（22号）・28M（28号）・30M（30号）・34M（34号）・38M（38号）　松本～新宿

11M・28Mは新宿～白馬、1～3号車が新宿～松本、4～12号車が新宿～白馬

E351系12連。編成は16、17と同じ

◉あずさ

下り◆4053M（3号）・59M（9号）・63M（13号）・79M（29号）・85M（35号）　新宿～松本

上り◆5052M（2号）・58M（8号）・70M（20号）・74M（24号）・4082M（32号）　松本～新宿

4053Mは千葉～南小谷、5052Mは松本～東京、58Mは信濃大町～新宿、74Mは南小谷～新宿、4082Mは松本～千葉

E257系11連。編成は20と同じ

下り◆57M（7号）・67M（17号）・69M（19号）・75M（25号）　新宿～松本

上り◆60M（10号）・62M（12号）・68M（18号）・76M（26号）　松本～新宿

E257系9連。編成は21と同じ

2008（平成 20）年 3 月 15 日～

◉スーパーあずさ

下り◆ 1M（1 号）・5M（5 号）・11M（11 号）・15M（15 号）・19M（19 号）・23M（23 号）・29M（29 号）・33M（33 号） 新宿～松本

上り◆ 4M（4 号）・6M（6 号）・14M（14 号）・18M（18 号）・22M（22 号）・28M（28 号）・32M（32 号）・36M（36 号） 松本～新宿

6M は信濃大町～新宿

E351 系 12 連。編成は 16、17 と同じ

◉あずさ

下り◆ 4053M（3 号）・59M（9 号）・63M（13 号）・81M（31 号）・85M（35 号） 新宿～松本

上り◆ 5052M（2 号）・58M（8 号）・70M（20 号）・76M（26 号）・4080M（30 号） 松本～新宿

4053M は千葉～南小谷（南小谷行は 3 ～ 11 号車）、4080M 松本～千葉、5052M は松本～東京

E257 系 11 連。編成は 20 と同じ

下り◆ 57M（7 号）・67M（17 号）・71M（21 号）・75M（25 号）・77M（27 号） 新宿～松本

上り◆ 60M（10 号）・62M（12 号）・66M（16 号）・74M（24 号）・84M（34 号） 松本～新宿

E257 系 9 連。編成は 21 と同じ

2017（平成 29）年 12 月 23 日～

◉スーパーあずさ

下り◆ 1M（1 号）・11M（11 号）・23M（23 号）・29M（29 号） 新宿～松本

上り◆ 4M（4 号）・18M（18 号）・22M（22 号）・36M（36 号） 松本～新宿

4 往復を E353 系に置き換え

㉒ ←新宿 松本→

1	2	3	4	5	6	7	8	9	10	11	12
	〈 〉			〈 〉		〈			〈		
クモハ E353	モハ E353	クモハ E352	クハ E353	モハ E353	モハ E352	モハ E353	サハ E353	サロ E353	モハ E353	モハ E352	クハ E352

下り◆ 5M（5 号）・15M（15 号）・19M（19 号）・33M（33 号） 新宿～松本

上り◆ 6M（6 号）・14M（14 号）・28M（28 号）・32M（32 号） 松本～新宿

E351 系 12 連。編成は 16、17 と同じ

あずさには変更なし

2018（平成 30）年 3 月 17 日〜

◉スーパーあずさ

下り◆ 1M（1 号）・5M（5 号）・11M（11 号）・15M（15 号）・19M（19 号）・23M（23 号）・29M（29 号）・33M（33 号） 新宿〜松本

上り◆ 4M（4 号）・5006M（6 号）・14M（14 号）・18M（18 号）・22M（22 号）・28M（28 号）・32M（32 号）・36M（36 号） 松本〜新宿

5006M は松本〜東京

E353 系 12 連。編成は 22 と同じ

◉あずさ

下り◆ 4053M（3 号）・59M（9 号）・63M（13 号）・81M（31 号）・85M（35 号）

上り◆ 5052M（2 号）・58M（8 号）・70M（20 号）・76M（26 号）・4080M（30 号） 松本〜新宿

4053M は千葉〜南小谷（南小谷行は 3 〜 11 号車）、4080M 松本〜千葉、5052M は松本〜東京

E257 系 11 連。編成は 20 と同じ

下り◆ 57M（7 号）・67M（17 号）・71M（21 号）・75M（25 号）・77M（27 号） 新宿〜松本

上り◆ 60M（10 号）・62M（12 号）・66M（16 号）・74M（24 号）・84M（34 号） 松本〜新宿

E257 系 9 連。編成は 21 と同じ

2018（平成 30）年 7 月 1 日

あずさ 3 往復を E353 系に置き換え

下り◆ 67M（17 号）・71M（21 号）・77M（27 号） 新宿〜松本

上り◆ 62M（12 号）・66M（16 号）・84M（34 号） 松本〜新宿

㉓ ←新宿 松本→

4	5	6	7	8	9	10	11	12
クハ E353	モハ E353	モハ E353	モハ E353	サハ E353	モハ E353	モハ E353	モハ E352	クハ E352

2019（平成 31）年 3 月 16 日〜

◉あずさ

下り◆ 1M（1 号）・5003M（3 号）・5M（5 号）・9M（9 号）・11M（11 号）・15M（15 号）・19M（19 号）・21M（21 号）・27M（27 号）・29M（29 号）・31M（31 号）・33M（33 号）・35M（35 号） 新宿〜松本

上り◆ 5002M（2 号）・4M（4 号）・5006M（6 号）・10M（10 号）・14M（14 号）・16M（16 号）・20M（20 号）・22M（22 号）・26M（26 号）・28M（28 号）・5030M（30 号）・32M（32 号）・36M（36 号） 松本〜新宿

5003M は千葉〜南小谷、26M は南小谷〜新宿、5002M・5006M は松本〜東京、5030M は本〜千葉 E353 系 12 連。編成は 20 と同じ。大糸線内は 4 〜 12 号車で運転。

下り◆ 7M（7 号）・13M（13 号）・17M（17 号）・23M（23 号）・5025M（25 号）　新宿～松本
上り◆ 5008M（8 号）・12M（12 号）・18M（18 号）・24M（24 号）・34M（34 号）　松本～新宿
5025M・5008M は東京～松本
E353 系 9 連。編成は 21 と同じ

2020（令和 2）年 3 月 14 日

◉あずさ

下り◆ 1M（1 号）・5M（5 号）・13M（13 号）・17M（17 号）・33M（33 号）・43M（43 号）・45M（45 号）・49M（49 号）・53M（53 号）　新宿～松本
上り◆ 5004M（4 号）・6M（6 号）・5010M（10 号）・26M（26 号）・34M（34 号）・46M（46 号）・5050M（50 号）・54M（54 号）・60M（60 号）　松本～新宿
5M・46M は新宿～南小谷、5004M・5010M は松本～東京、5050M は松本～千葉
E353 系 12 連。編成は 20 と同じ。大糸線内は 4 ～ 12 号車で運転。

下り◆ 5003M（あずさ 3 号・富士回遊 3 号）　千葉～松本・河口湖
上り◆ 44M（あずさ 44 号・富士回遊 44 号）　松本・河口湖～新宿

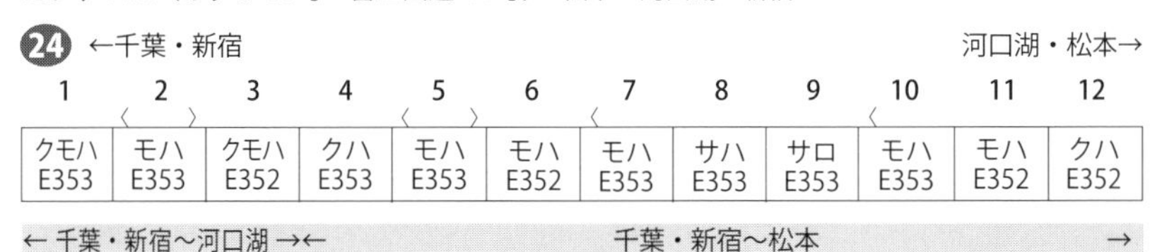

下り◆ 9M（9 号）・19M（19 号）・21M（21 号）・25M（25 号）・29M（29 号）・37M（37 号）・5041M（41 号）・55M（55 号）　新宿～松本
上り◆ 5014M（14 号）・16M（16 号）・18M（18 号）・22M（22 号）・30M（30 号）・38M（38 号）・42M（42 号）・58M（58 号）　松本～新宿
5041M・5014M は東京～松本
E353 系 9 連。編成は 21 と同じ

特急「しなの」

木曽路を走る381系「しなの」 中央西線須原～大桑 1988年6月

「しなの」は名古屋と信州を結ぶ特急列車として登場した。気動車時代を経て現在は3代目となる383系で運行されている。

「しなの」前史

「しなの」は、1953（昭和28）年7月11日から運行を始めた名古屋～長野間の臨時準急として登場した。車両はオハ35系を中心とする一般形の客車で、その年の9月から定期列車に格上げされ、転換シートの2等車（現在のグリーン車）オロ35形も組み込

急行時代の「しなの」。キハ57形には大きなヘッドマークが
付いていた　中央西線名古屋　1963年3月　撮影：佐川宗行

まれるようになった。昭和30年代になると、オハ46形やスハフ42形も連結されるようになり、2等車にシートピッチの広いボックスシートのオロ40形も使用されるようになっている。

1959（昭和34）年12月13日に急行に格上げされ、車両もキハ55形気動車に変更された。1961（昭和36）年頃よりキハ58形やキハ57形に変わった。

1往復で運転された急行「しなの」は、1963（昭和38）年10月1日からは2往復に増発され、1966（昭和41）年10月1日からは、3往復、翌年には4往復となり1往復は「つがいけ」との併結列車となった。

中央西線は勾配区間が多く、蒸気機関車はもとより気動車にとっても出力の出しにくい路線で、2エンジンのキハ57・58系ではスピードアップにも限界があった。そこで、

キハ91形の急行「のりくら」 中央西線木曽福島　1971年3月

機関出力300PS/1600rpmのキハ90形と、500PS/1600rpmのキハ91形を試作し、1967（昭和42）年11月25日から803D「第2しなの」、808D「第4しなの」で長期性能試験が実施された。
この結果、大出力のエンジンを1基搭載するキハ91形が有利とされ、キハ65形とキハ181系の誕生に結び付いた。

キハ181系の誕生

キハ181系は、勾配路線の特急用車両として、1968（昭和43）年7～8月に試作車14両が誕生し、名古屋機関区（名ナコ）に配属され、10月1日のダイヤ改正から特急「しなの」1往復で運行を開始した。
基本的な車体はキハ80系を踏襲しているが、500PSの大出力エンジンDML30HSCを搭載したため、屋根上が自然通風式のラジエターで覆われ、外見上の特徴となっている。
キハ181系の最高速度は120km/hを想定しているが、「しなの」では曲線区間が多く95km/hで営業運転が開始された。それでも加速性能が良いため、急行時代の同時刻の急行と比べ、下りが48分、上りが41分のスピードアップとなった。

◎1968（昭和43）年運転開始時の特急「しなの」の時刻
11D 「しなの」名古屋8時40分→長野12時51分
12D 「しなの」長野15時10分→名古屋19時24分

◎1967（昭和42）年10月1改正時の急行「しなの」の時刻
801D 「第1しなの」名古屋8時20分→長野13時19分
806D 「第3しなの」長野15時00分→名古屋19時55分

大阪乗り入れ

「しなの」は運転開始以来、乗車率も高く、1971（昭和46）年4月26日のダイヤ改正で3往復に増発され、このうち1往復は大阪に乗り入れた。編成も大阪発着と既存の1往復が10両編成に、新設の1往復は7両編成での運転となった。
ただ、キハ181系による増発は、中央西線の電化完成が控えているため、これが最後となった。

大出力エンジンを搭載したキハ 181 系「しなの」 中央西線木曽福島 1973 年 2 月

電化のポールが建ち始めた木曽福島を出発するキハ 181 1973 年 2 月

電化完成後もキハ 181 系は 2 往復が
残った　中央西線木曽平沢～奈良井

3往復運転時の時刻は以下となる。

11D　「しなの1号」　名古屋8時00分→長野11時58分
2013D　「しなの2号」　大阪9時50分→長野16時10分
15D　「しなの3号」　名古屋16時55分→長野20時53分

12D　「しなの1号」　長野8時37分→名古屋12時36分
2014D　「しなの2号」　長野12時45分→大阪19時15分
16D　「しなの3号」　長野16時55分→名古屋20時54分

振り子電車投入

1973（昭和48）年7月10日、中央西線の電化が完成し「しなの」は8往復に増発、このうち6往復が381系電車となった。キハ181系も2往復が残り、このうち1往復は大阪乗り入れ列車となった。

中央西線は、山岳路線のため曲線の多く、スピードアップにはカーブでの通過速度を上げる必要があった。そこで、振り子装置を組み込んだ台車を使用し、アルミニウム合金による車体の軽量化および低重心化を図った381系が開発された。

381系の曲線通過速度は、これまでの規定よりも最大＋20km/hに向上し、大幅なスピードアップが実現した。車体は、この当時製造されていた183系や485系200番台を基本としているため、正面は貫通型、塗色も国鉄特急色とした。

運行開始当初は、乗り物酔いの乗客が多発し、エチケット袋の設置や車掌が酔い止め薬を携帯するなどの対策が行われた。

運行開始時の時刻は以下となる。

1001M　「しなの1号」　名古屋7時00分→長野10時22分
1003D　「しなの2号」　名古屋8時00分→長野11時59分　キハ181系
1005M　「しなの3号」　名古屋9時00分→長野12時20分
1007M　「しなの4号」　名古屋10時00分→長野13時20分
4011D　「しなの5号」　大阪8時20分→長野14時58分　キハ181系
1009M　「しなの6号」　名古屋13時00分→長野16時20分
1011M　「しなの7号」　名古屋15時00分→長野18時20分
1013M　「しなの8号」　名古屋17時00分→長野20時20分

1002M　「しなの 1 号」　長野 7 時 55 分→名古屋 11 時 15 分
1004M　「しなの 2 号」　長野 10 時 55 分→名古屋 14 時 15 分
1006M　「しなの 3 号」　長野 12 時 55 分→名古屋 16 時 19 分
4012D　「しなの 4 号」　長野 13 時 55 分→大阪 20 時 19 分　キハ 181 系
1008M　「しなの 5 号」　長野 14 時 55 分→名古屋 18 時 16 分
1010D　「しなの 6 号」　長野 15 時 55 分→名古屋 19 時 59 分　キハ 181 系
1012M　「しなの 7 号」　長野 16 時 55 分→名古屋 20 時 16 分
1014M　「しなの 8 号」　長野 18 時 55 分→名古屋 22 時 15 分

なお、華々しくデビューを飾った 381 系の陰で、11 月 1 日からキハ 181 系「しなの」の食堂車が廃止され、9 両編成での運転に変わった。

木曽福島駅を出発する 381 系「しなの」。この日は蒸気機関車のお別れ運転があり、線路脇に多くのカメラマンが集まった　中央西線木曽福島　1973 年 8 月

全列車を381系で統一

山陽新幹線が博多まで開業した1975（昭和50）年3月15日ダイヤ改正で、残っていた2往復キハ181系が381系に置き換えられた。気動車から電車に変わったことで、スピードアップも実現し大阪～長野間は30分以上の短縮となった。

余剰となったキハ181系は高松運転所や米子運転所に転属となり、名古屋第一機関区から姿を消した。これにより、381系は30両が新製され、総数は67両となり「しなの」8往復で運用された。

時刻改正後の「しなの」使用列車は以下となる。

1001M 「しなの1号」 名古屋7時00分→長野10時22分
1003M 「しなの2号」 名古屋8時00分→長野11時20分
1005M 「しなの3号」 名古屋9時00分→長野12時22分
1007M 「しなの4号」 名古屋10時00分→長野13時20分
4045M 「しなの5号」 大阪8時30分→長野14時20分
1009M 「しなの6号」 名古屋13時00分→長野16時20分
1011M 「しなの7号」 名古屋15時00分→長野18時20分
1013M 「しなの8号」 名古屋17時00分→長野20時20分

1002M 「しなの1号」 長野7時55分→名古屋11時15分
1004M 「しなの2号」 長野10時55分→名古屋14時20分
1006M 「しなの3号」 長野12時55分→名古屋16時19分
4046M 「しなの4号」 長野13時55分→大阪19時50分
1008M 「しなの5号」 長野14時55分→名古屋18時16分
1010M 「しなの6号」 長野15時55分→名古屋19時20分
1012M 「しなの7号」 長野16時55分→名古屋20時17分
1014M 「しなの8号」 長野18時55分→名古屋22時15分

1978（昭和53）年10月2日ダイヤ改正で1往復が増発され、11両の381系が新造されたが、この増備車の先頭車は非貫通の100番台となり、「しなの」に新たな顔を登場した。

大阪発着の「しなの」も登場。先頭は非貫通のクハ381-100番台　東海道本線山崎～高槻　1987年5月

塩尻駅移転と所属変更

中央西線は、正式な路線名ではなく、中央本線の塩尻～名古屋間を便宜上この名称で呼んでいる。元々中央本線は東京から塩尻を経由して名古屋を結ぶ路線として建設されたため、開業以来、東京方面から名古屋方面に直通できる線形となっていた。しかし、東京方面と名古屋方面からの列車は塩尻から篠ノ井線の松本方面に直通する運区形態としているため、東京～塩尻間を中央東線、塩尻～名古屋間を中央西線と区別する名称として使用されている。

そのため、名古屋方面から松本方面に向かう列車は、塩尻駅でスイッチバックする運転となり、時間的なロスが生じていた。それを解消するため、塩尻駅を松本方に移転し、名古屋方面からもスルーで松本方面に抜けられる現在の線形に改良した。

この新駅舎は1982（昭和57）年5月17日に開業し、同日から「しなの」のスイッチバックも廃止された。

この秋の1982（昭和57）年11月15日ダイヤ改正では、「しなの」は1往復が増発され、白馬行も設定されたほか、車両が神領電車区の所属に変更された。号車も名古屋方を1号車、長野方を9号車としたため、編成の号車が入れ替わっている。

1985（昭和60）年3月10日ダイヤ改正では、通年9両編成で運転されていた「しなの」は、季節により利用者の少ない時期があるため、閑散期は 5，6 号車のモハユニットを抜いた 7 両編成での運転とした。

パノラマグリーン車の登場

JR 移行後の 1988（昭和 63）年 3 月 13 日ダイヤ改正で、編成を 6 両に変更するため、長野方の先頭車をクロにする改造工事が 1987（昭和 62）年から開始された。既存のサロ 381 形にブロック構造の先頭車をつなぎ合わせる工事が進められ、クロ 381-1~7、11~13、クハ 381 形から改造されたクロ 381-51~55 が誕生した。

クロ 381-1~7 は、増結を考慮して貫通形としたが、貫通扉は外扉のない片開きの構造

パノラマグリーン車を先頭に走る 381 系「しなの」

クロ381-0番台は、引き戸式の貫通扉が採用され、クハ381とは異なる顔となった　中央西線薮原～宮ノ越　1988年6月

サロ381形から改造されたパノラマグリーン車　名古屋工場

名古屋工場では出場式が行われた。パノラマグリーン車にかける期待と意気込みが感じられる

となり、クハ 381 形 0 番台とは顔の印象が異なる。
　クロ 381-11 ～ 13 は、前頭部の約 1/3 を展望室としたパノラマグリーン車として名古屋工場で改造された。
　クロ 381-51~55 は、座席の交換など車内が改造され、外観はクハ 381 と見分けがつかない姿となった。
　各車両を組み込んだ 6 両編成は、ダイヤ改正前から順次運用に付いたが、パノラマグリーン車はダイヤ改正に 1 両しか間に合わず、7005M「しなの 5 号」と 7022M「しなの 22 号」の 1 往復で運用を開始した。残る 3 往復は改造後に順次置き換えられ、4 月下旬に予定の 4 往復がパノラマグリーン車の編成となった。

1 号車を長野方に変更

　381 系は 6 両編成を基本としているが、6 両を分割し 3 両を増結車としたり、1 編成だの増結用 4 両編成を組み合わせるなどし、多客時は 9 両編成や 10 両編成、12 両編成で運転を行った。その際問題になるのは増結位置で、グリーン車を含む 3 両（クロ 381 ＋モハ 381 ＋モハ 380）は、6 号車が貫通編成の長野方に、普通車の 3 両（モハ 381 ＋モハ 380 ＋クハ 381）は名古屋方に、4 両（クロ 381 ＋モハ 381 ＋モハ 380 ＋クハ 381）はクハ 381 が非貫通の 100 番台のため、名古屋方に増結するなど、多彩な編成が見られた。
　パノラマグリーン車編成は、増結車は必ず名古屋方となり、1 号車の後ろは増結番号の号車となることもあった。
　そのため、列車によっては 6 号車や 9 号車に位置がグリーン車となり、旅客案内も複雑になっていた。そこで、1993（平成 5）年 3 月 18 日ダイヤ改正から、グリーン車は長野より 1 号車に固定することとした。

383 系登場

　381 系は、座席の交換などリニューアル工事も実施されたが、誕生から 20 年が過ぎ老朽化は否めなかった。そこで、381 系に変わる 383 系が開発され、1994（平成 6）年に量産先行車 1 編成が登場した。
　383 系は、381 系と同じく自然振り子式が採用されたが、車体傾斜にコンピューター制御を取り入れたため、曲線通過性能や乗り心地が向上した。
　最初の 1 編成は、各種試験を長期に渡り実施し、その結果を基に量産車の製造へ繋げ

大糸線を走る「しなの」 大糸線信濃森上〜白馬大池 1993年3月14日

ることとした。1995（平成7）年のゴールデンウイーク期間中の4月29日〜5月7日に名古屋〜木曽福島間の臨時特急「しなの91・92号」で初めて営業運転を行った。これも、量産化に向け、実際に乗客を乗せた状態での仕様確認と思われる。

「(ワイドビュー) しなの」の設定

383系は、量産車70両が製造され、1996（平成8）年12月1日のダイヤ改正で「しなの」16往復のうち14往復で運転を開始し、合わせて383系使用列車は「(ワイドビュー) しなの」として区別された。

増備された383系は基本の6両編成、附属の3両編成、附属の2両編成の3パターンの編成が用意され、利用状況により基本編成に附属編成を連結して運転されるが、走行距離の均等化を図るため、附属編成の4＋2の6両編成も使用された。

この置き換えは11月18日の1011M「しなの11号」〜2018M「しなの18号」から順次置き換えが行われ、12月1日前にはほとんどの列車が383系に変わった。

381系は、パノラマグリーン車編成が季節列車2往復に残り、名古屋〜長野・白馬間で運用された。わずかながら381系は残ったが、2001（平成13）年3月3日に1往復が臨時列車化され、2003（平成15）年10月1日には、2往復とも臨時の「しなの81・85・82・84号」となった。あまり出番のなくなった381系は、2008（平成20）年5月6日の名古屋〜白馬間の「しなの81・84号」をもって営業運転が終了した。

大阪乗り入れと「ワイドビュー」の愛称廃止

大阪発着の「（ワイドビュー）しなの」1往復が、2016（平成28）年3月25日ダイヤ改正で廃止され、全列車が名古屋発着に変更された。「しなの」の大阪乗り入れはキハ181系時代から開始され、381系、383系と45年に渡り引き継がれた列車だったが、ここでピリオドが打たれた。

2022（令和4）年3月12日ダイヤ改正では、JR東海の在来線特急で使用されていた「ワイドビュー」の愛称が廃止され、昔の「しなの」に戻った。「ワイドビュー」は、1996（平成8）年7月25日に、新型車両で運転する列車をアピールする目的で、JR東海が新造した特急車両を使用する列車に付けられた。「しなの」は383系が同年12月1日の運転開始から採用され、国鉄時代の381系は最後まで「しなの」のままだった。

上・383系は1号車が非貫通タイプのグリーン車　下・383系の6号車は貫通型のクモハ383

「しなの」編成の変遷

1968（昭和43）年10月1日～

下り◆1D　名古屋～長野

上り◆2D　長野～名古屋

❶ ←塩尻　名古屋・長野→

1	2	3	4	5	6	7	8	9	
キハ181	キハ180	キハ180	キハ180	キハ180	キハ180	キサシ180	キロ180	キハ181	名ナコ

1971（昭和46）年4月26日

下り◆11D（1号）名古屋～長野・2013D（2号）大阪～長野

上り◆2014D（2号）長野～大阪・16D（3号）長野～名古屋

❷ ←塩尻　名古屋・長野→

1	2	3	4	5	6	7	8	9	10	
キハ181	キハ180	キハ180	キハ180・181	キハ180	キハ180	キサシ180	キロ180	キハ180	キハ181	名ナコ

下り◆15D（3号）名古屋～長野

上り◆12D（1号）長野～名古屋

❸ ←塩尻　名古屋・長野→

1	2	3	4	5	6	7	
キハ181	キハ180	キハ180	キサシ180	キロ180	キハ180	キハ181	名ナコ

1972（昭和47）年3月15日～

下り◆11D（1号）名古屋～長野・4013D（2号）大阪～長野

上り◆4014D（2号）長野～大阪・16D（3号）長野～名古屋

キハ181系10連。編成は2と同じ

下り◆15D（3号）名古屋～長野

上り◆12D（1号）長野～名古屋

キハ181系7連。編成は3と同じ

1973（昭和48）年7月10日～

下り◆1003D（2号）名古屋～長野・4011D（5号）大阪～長野

上り◆4012D（4号）長野～大阪・1010D（6号）長野～名古屋

キハ181系10連。編成は2と同じ

下り◆1001M（1号）・1005M（3号）・1007M（4号）・1009M（6号）・1011M（7号）・1013M（8号）名古屋～長野

上り◆1002M（1号）・1004M（2号）・1006M（3号）・1008M（5号）・1012M（7号）・1014M（8号）長野～名古屋

❹ ←塩尻　　名古屋・長野→

1	2	3	4	5	6	7	8	9	
		◇	◇	◇	◇		◇	◇	
クハ 381	モハ 381	モハ 380	モハ 381	モハ 380	サロ 381	モハ 381	モハ 380	クハ 381	長ナノ

1973（昭和 48）年 11 月 1 日〜

下り◆ 1003D（2 号）名古屋〜長野・4011D（5 号）大阪〜長野

上り◆ 4012D（4 号）長野〜大阪・1010D（6 号）長野〜名古屋

❺ ←塩尻　　名古屋・長野→

1	2	3	4	5	6	7	8	9	
キハ 181	キハ 180	キハ 180	キハ 180	キハ 180	キハ 180	キロ 180	キハ 180	キハ 181	名ナコ

下り◆ 1001M（1 号）・1005M（3 号）・1007M（4 号）・1009M（6 号）・1011M（7 号）・1013M（8 号）名古屋〜長野

上り◆ 1002M（1 号）・1004M（2 号）・1006M（3 号）・1008M（5 号）・1012M（7 号）・1014M（8 号）長野〜名古屋

381 系 9 連。編成は 4 と同じ

1975（昭和 50）年 3 月 10 日〜

下り◆ 1001M（1 号）・1003M（2 号）・1005M（3 号）・1007M（4 号）・4045M（5 号）・1009M（6 号）・1011M（7 号）・1013M（8 号）　名古屋〜長野

上り◆ 1002M（1 号）・1004M（2 号）・1006M（3 号）・4046M（4 号）・1008M（5 号）・1010M（6 号）・1012M（7 号）・1014M（8 号）　長野〜名古屋

4045M・4046M は大阪〜長野

381 系 9 連。編成は 4 と同じ

1978（昭和 53）年 10 月 2 日〜

下り◆ 1001M（1 号）・1003M（3 号）・1005M（5 号）・1007M（7 号）・4049M（9 号）・1011M（11 号）・1013M（13 号）・1015M（15 号）・1017M（17 号）名古屋〜長野

上り◆ 1002M（2 号）・1004M（4 号）・1006M（6 号）・1008M（8 号）・4040M（10 号）・1012M（12 号）・1014M（14 号）・1016M（16 号）・1018M（18 号）　長野〜名古屋

4049M・4040M は大阪〜長野

381 系 9 連。編成は 4 と同じ

1982（昭和 57）年 11 月 15 日〜

下り◆ 1001M（1 号）・1003M（3 号）・1005M（5 号）・1007M（7 号）・4049M（9 号）・1011M（11 号）・7013M（13 号）・1015M（15 号）・1017M（17 号）・1019M（19 号）名古屋〜長野

上り◆ 1002M（2 号）・1004M（4 号）・1006M（6 号）・1008M（8 号）・1010M（10 号）・4042M（12 号）・1014M（14 号）・1016M（16 号）・1018M（18 号）・7020M（20 号） 長野〜名古屋

4049M・4042M は大阪〜長野、1005M・1014M は名古屋〜白馬

車両所属区を変更。長ナノ→名シン

❻ ←長野・白馬　　　名古屋・大阪→

9	8	7	6	5	4	3	2	1	
クハ 381	モハ 381	◇モハ 380◇	モハ 381	◇モハ 380◇	サロ 381	モハ 381	◇モハ 380◇	クハ 381	名シン

1985（昭和 60）年 3 月 10 日〜

下り◆ 1001M（1 号）・1003M（3 号）・1005M（5 号）・1007M（7 号）・4049M（9 号）・1011M（11 号）・7013M（13 号）・1015M（15 号）・1017M（17 号）・1019M（19 号）名古屋〜長野

上り◆ 1002M（2 号）・1004M（4 号）・1006M（6 号）・1008M（8 号）・1010M（10 号）・4042M（12 号）・1014M（14 号）・1016M（16 号）・1018M（18 号）・7020M（20 号） 長野〜名古屋

4049M・4042M は大阪〜長野、1005M・1014M は名古屋〜白馬

平常期は 381 系 9 連。6 の編成と同じ

◎閑散期

1988（昭和 63）年 3 月 13 日〜

下り◆ 7005M（5 号）・1007M（7 号）・1017M（17 号）・1027M（27 号） 名古屋〜長野

上り◆ 1004M（4 号）・1014M（14 号）・7022M（22 号）・1026M（26 号） 長野〜名古屋

7005M・70022M は名古屋〜白馬

6 号車はパノラマグリーン車

下り◆ 1001M（1号）・1003M（3号）・7009M（9号）・1011M（11号）・7013M（13号）・2015M（15号）・1019M（19号）・7021M（21号）・1023M（23号）・7025M（25号）・1029M（29号）・1031M（31号） 名古屋～長野

上り◆ 1002M（2号）・1006M（6号）・7008M（8号）・1010M（10号）・1012M（12号）・7016M（16号）・2018M（18号）・7020M（20号）・1024M（24号）・1028M（28号）・7030M（30号）・1032M（32号） 長野～名古屋

2015M・7022Mは大阪～長野、7009M・7013M・7016M・7020Mは名古屋～松本

❾ ←長野　　名古屋・大阪→

6	5	4	3	2	1	
クロ 381 1~51~	モハ 381	モハ 380	モハ 381	モハ 380	クハ 381	名シン

1993（平成5）年3月18日～

下り◆ 7005M（5号）・1007M（7号）・1017M（17号）・1027M（27号） 名古屋～長野

上り◆ 1004M（4号）・1014M（14号）・7022M（22号）・1026M（26号） 長野～名古屋

7005M・70022Mは名古屋～白馬

❿ ←長野・白馬　　名古屋→

1	2	3	4	5	6	
クロ 381 11～13	モハ 381	モハ 380	モハ 381	モハ 380	クハ 381	名シン

1号車はパノラマグリーン車

下り◆ 1001M（1号）・1003M（3号）・7009M（9号）・1011M（11号）・7013M（13号）・2015M（15号）・1019M（19号）・7021M（21号）・1023M（23号）・7025M（25号）・1029M（29号）・1031M（31号） 名古屋～長野

上り◆ 1002M（2号）・1006M（6号）・7008M（8号）・1010M（10号）・1012M（12号）・7016M（16号）・2018M（18号）・7020M（20号）・1024M（24号）・1028M（28号）・7030M（30号）・1032M（32号） 長野～名古屋

2015M・7022Mは大阪～長野、7009M・7013M・7016M・7020Mは名古屋～松本

⓫ ←長野　　名古屋・大阪→

1	2	3	4	5	6	
クロ 381 1~51~	モハ 381	モハ 380	モハ 381	モハ 380	クハ 381	名シン

1996（平成 8）年 12 月 1 日～

◉しなの

下り◆ 7005M（5 号）名古屋～白馬・7009M（9 号）名古屋～松本

上り◆ 7016M（16 号）松本～名古屋・7022M（22 号）白馬～名古屋

381 系パノラマグリーン車 6 連。編成は 10 と同じ

◉（ワイドビュー）しなの

下り◆ 1001M（1 号）・1003M（3 号）・1007M（7 号）・1011M（11 号）・7013M（13 号）・2015M（15 号）・1017M（17 号）・1019M（19 号）・7021M（21 号）・1023M（23 号）・1025M（25 号）・1027M（27 号）・1029M（29 号）・1031M（31 号）　名古屋～長野

上り◆ 1002M（2 号）・1004M（4 号）・1006M（6 号）・1008M（8 号）・1010M（10 号）・1012M（12 号）・1014M（14 号）・2018M（18 号）・7020M（20 号）・1024M（24 号）・1026M（26 号）・1028M（28 号）・7030M（30 号）・1032M（32 号）　長野～名古屋

2015M・2018M は大阪～長野、7013M・7020M は名古屋～松本

←長野　　　　　　　　　　名古屋・大阪→

⓬【基本】A1 ～ 9

1	2	3	4	5	6	
クロ 383	モハ 383	サハ 383	モハ 383-100	モハ 383-100	クモハ 383	海シン

⓭【附属】A101 ～ 103

7	8	9	10	
クロ 383-100	モハ 383	サハ 383-100	クモハ 383	海シン

⓮【附属】A201 ～ 205

2003（平成 15）年 10 月 1 日〜

◉（ワイドビュー）しなの

下り◆ 11001M（1 号）・1003M（3 号）・1005M（5 号）・1007M（7 号）・2009M（9 号）・1011M（11 号）・1013M（13 号）・1015M（15 号）・1017M（17 号）・1019M（19 号）・1021M（21 号）・1023M（23 号）・1025M（25 号）　名古屋〜長野

上り◆ 1002M（2 号）・1004M（4 号）・1006M（6 号）・1008M（8 号）・1010M（10 号）・1012M（12 号）・1014M（14 号）・2016M（16 号）・1018M（18 号）・1020M（20 号）・1022M（22 号）・1024M（24 号）・1026M（26 号）　長野〜名古屋

2009M・2016M は大阪〜長野

383 系基本 6 連編成 12 と附属 3 連編成 13、附属 14 を組み合わせて使用

土岐川の渓谷「古虎渓」を見ながら走る 381 系パノラマグリーン車　中央西線古虎渓〜多治見　1988 年 6 月

特急「踊り子」

普通列車から特急までオールマイティに使用された185系　東海道本線根府川～真鶴　1985年3月

首都圏と伊豆を結ぶ特急「踊り子」、183・185系から始まった歴史は、現在はE 261、E 257系に引き継がれている

伊豆への列車

伊豆半島は昔から保養地として知られていたが、今のように手軽に旅ができる場所ではなかった。1934（昭和9）年に丹那トンネルが開通すると、1938（昭和13）年12月に伊東線が全通し、伊豆半島の入り口まで鉄道でたどり着けるようになるが、この先

は1961（昭和36）年12月の伊豆急行開通まで待たなければならなかった。
　一方、中伊豆への鉄道は、1898（明治31）年に、現在の伊豆箱根鉄道駿豆線の前身となる豆相鉄道が伊豆長岡まで開通した。始発駅となる三島は、まだ丹那トンネル開通前で、東海道線は現在の御殿場線を経由していたため、下土狩駅で東海道線と接続した。線路は1924（大正13）年8月には修善寺まで達し、温泉場への乗客を運ぶため国鉄からの臨時列車も運転された。
　東伊豆も、丹那トンネルと伊東線の開業により、週末に熱海や伊東への臨時列車が多く走るようになった。戦時中は湯治に行く余裕はなかったが、戦後になると80系電車が週末準急として多数運転された。1959（昭和34）年からは、153系電車が入線するようなり、伊豆急線開業後は、急行「伊豆」や「おくいず」などの多数の列車が、伊豆急下田や伊豆箱根鉄道の修善寺へ直通するようなった。この153系急行が、将来185系登場のきっかけとなるとは、当時は想像もつかなかったことだろう。

153系急行「伊豆」。この電車を置き換えるために185系が登場した　東海道本線品川～大井町　1975年3月

横須賀線の 113 系とすれ違う 157 系「あまぎ」 東海道本線田町駅　1975 年 5 月

157 系「あまぎ」は 1976 年に 183 系に置き換えられた　東海道本線東京駅　1981 年 9 月

「踊り子」のルーツとなる特急「あまぎ」運行開始

多くの急行電車が運行されていた伊豆急線に、1969（昭和44）年4月25日から特急「あまぎ」が運行を開始した。車両は日光への特別準急として活躍した157系で、準急用とうたいながら車内は特急並みの設備で、東海道新幹線開業前は東京～大阪間の臨時特急「ひびき」として使用されたこともある。

157系「あまぎ」は、定期列車は9両編成、季節列車は7両編成で2往復が東京～伊豆急下田間に設定された。特急の運転開始で伊豆方面の列車は賑わいを見せたが、特急の157系は1959（昭和34）年製、急行の153系も1958（昭和33）年から製造された車両で、そろそろ置き換えの時期を迎えるようなっていた。特に157系は、後付けの冷房装置や下降式窓の戸袋部分の腐食が激しく、早急な取り換えが検討された。

157系は、冬季に上越線の臨時特急「新雪」にも使用されていたので、「とき」と同じ183系1000番台が適当とされ、1976（昭和51）年1月25日から季節列車、3月1日から定期列車を183系1000番台に置き換えた。

185系の登場

特急車両の取り換えは終了したものの、急行用の153系については置き換え車両がなかなか決まらない状況だった。というのも、153系は急行以外に普通列車でも運用されており、183系のような特急専用車両を投入すると、普通列車用に113系を製造しなくてはならないからだ。ならば急行用と思われるが、当時の国鉄は赤字状態で、高い投資をするのならば、少しでも料金を回収できる特急列車との考えがあり、急行用電車の製造は終了していた。

そこで、関西の新快速で運用されている117系をモデルに、特急車両らしくデッキを付きとし、乗降扉を広げることで、普通列車から特急列車まで使用できる185系が誕生した。

ただ、普通列車と特急列車の両用で使用するため、座席は転換シート、窓際に小テーブルと他の特急列車と比べて見劣りがするなど少し無理のある車両となった。

運行開始は、153系の運用を順次置き換える形で行われ、185系最初の営業列車は東京発小田原行の普通列車829Mと、特急車両としては信じられないデビューだった。さらに、置き換えが完了するまでは153系との併結列車も見られた。もちろん急行「伊豆」としても運用され、ヘッドマークに「急行　伊豆」も掲出していた。

185系は当初急行「伊豆」に使用されていた　東海道本線東京駅　1981年9月

「踊り子」のデビュー

153系がすべて185系に置き換わったことから、1981（昭和56）年10月1日のダイヤ改正で正式の特急として運行を開始することとなった。列車名は、新しい伊豆の特急をアピールするため、公募により「踊り子」となった。由来はもちろん川端康成の名作「伊豆の踊子」からだ。これまで列車名は、自然現象や動植物、川、山、地名などが一般的だったので、賛否両論があった。絵入りヘッドマークには踊子の横顔がアップで描かれたが、当時、着物の姿の子供の横顔を描いたお菓子が発売されており、何となくイメージが似ていたので、「小梅ちゃん」と皮肉な呼び方をする鉄道愛好家もいた。

田町電車区の配置された185系は、基本10両編成、附属5両編成とし、最大15両編成で運転され、熱海で修善寺行の5両を切り離し、伊豆急下田へは10両が向かった。伊東線は11両、伊豆急線は10両分しかホーム有効長がないため、後に登場する12両編成の伊豆急下田行は、附属編成が熱海止まりとなっていた。

当初の予定通り普通列車でも運用されたが、153系時代に運用されたラッシュ時間帯の列車はなるべく避けることとし、不足分は田町電車区に113系が新製配置された。

「あまぎ」で運用されていた183系も「踊り子」の一員として「踊り子1・11・17・2・8・18号」の3往復で使用されたが、普通電車では使用されない。

運行開始時の「踊り子」の時刻は以下となる。

6021M	「踊り子1号」	東京8時00分→伊豆急下田10時46分
3023M～4023M	「踊り子3号」	東京9時00分┬→伊豆急下田11時47分 └→修善寺11時17分
3025M～4025M	「踊り子5号」	東京10時00分┬→伊豆急下田12時46分 └→修善寺12時16分
6027M	「踊り子7号」	東京10時30分→伊東12時19分
6029M	「踊り子9号」	東京11時00分→伊豆急下田13時47分
3031M	「踊り子11号」	東京12時00分→伊豆急下田14時48分
6033M～7033M	「踊り子13号」	東京12時30分┬→伊豆急下田15時15分 └→修善寺14時45分
3035M～4035M	「踊り子15号」	東京13時30分┬→伊豆急下田16時15分 └→修善寺15時45分
3037M	「踊り子17号」	東京14時30分→伊豆急下田17時19分
3039M	「踊り子19号」	東京15時10分→伊東17時07分
3022M	「踊り子2号」	伊豆急下田8時00分→東京10時45分
4024M～3024M	「踊り子4号」	修善寺9時27分┐ 伊　東9時53分┴→東京11時45分
3026M	「踊り子6号」	伊豆急下田10時10分→東京13時00分
6028M	「踊り子8号」	伊豆急下田11時12分→東京13時59分
3030M～4030M	「踊り子10号」	修　善　寺12時38分┐ 伊豆急下田12時11分┴→東京14時55分
6032M	「踊り子12号」	伊東13時42分→東京15時33分
4034M～3034M	「踊り子14号」	修　善　寺13時37分┐ 伊豆急下田13時13分┴→東京15時56分
6036M	「踊り子16号」	伊豆急下田14時03分→東京16時55分
3038M	「踊り子18号」	伊豆急下田15時09分→東京17時58分
7040M～6040M	「踊り子20号」	修　善　寺16時55分┐ 伊豆急下田16時20分┴→東京19時14分
3042M	「踊り子22号」	伊豆急下田17時27分→東京20時13分

上・15両編成で走る「踊り子」　東海道本線早川～根府川　1986年5月
下・183系も「踊り子」として活躍した　東海道本線保土ヶ谷～戸塚　1983年4月

ホーム有効長の関係で熱海以遠は 10 両編成で運転された　伊東線来宮〜伊豆多賀　1990 年 9 月

富士山を背景に伊豆箱根鉄道駿豆線を走る修善寺行「踊り子」　伊豆箱根鉄道駿豆線三島二日町〜大場　1983 年 2 月

COLUMN

「土曜のひるのプレゼント」客車踊り子に魅了された日々

「踊り子」は電車特急のイメージが強いが、国鉄末期には14系客車やジョイフルトレインを使用した臨時「踊り子」が運転されていた。

14系「踊り子」は、1982（昭和57）年12月31日に東京～伊豆急下田間の「踊り子51号」として初めて登場した。年越しを伊豆の温泉で過ごす観光客用の臨時列車で、東京駅発時刻は14時00分、定期列車の「踊り子」が13時30分と14時30分発だったので、その間を埋めるようなダイヤとなった。

この列車の牽引機は、東京機関区のEF5861。言わずと知れた茶色のお召機関車だ。残念ながらこの列車の撮影には行っていない。後から友人に「ロクイチ」（EF5861のこと）だったと聞かされて、悔しい思いをした。

しかし、この列車は序章に過ぎなかった。1983（昭和58）年の3月からは毎週土曜日に「踊り子55号」として運行が行われた。当時はまだ週休二日制が定着していないため、土曜日の午前中に仕事を終え、その足で東京駅から「踊り子」で伊豆へ向かい、温泉宿で一泊して日曜日に帰る観光客が多かった。そのため土曜午後の「踊り子」は混雑していたので臨時列車が設定されたわけだ。

牽引機は東京機関区のEF58で、「ロクイチ」が運用に入る日も多かった。もちろん毎週のように東海道沿線に出かけ「踊り子55号」を狙った。ちょうどその頃、NHKで「ひるのプレゼント」という番組が放送されていたので、それをもじって、「土曜のひるのプレゼント」と勝手に命名し、「家族がどこに出かけるの？」と聞かれると、「土曜のひるのプレゼント」と一言返せば、「あ～東海道線ね」と通じていたほどだった。撮影場所は、根府川周辺が多く、相模湾を背景にした構図がお気に入りだった。帰りに干物を買って帰ることも多く、日曜の夕飯は魚料理が定番となったほどだ。

その年の夏には、午前中に東京を出発して伊豆急下田を1往復する「踊り子51・58号」やスロ81形を使用した「お座敷踊り子」などが運行されたほか、秋には「サロンエクスプレス踊り子」も登場した。もちろんこれらの列車もEF58が牽引に当たり、EF5861も使用された。

これ以降、季節ごとに客車を使用した臨時「踊り子」が運転された。「土曜のひるのプレゼント」も健在だったが、1984（昭和59）年になるとEF58の廃車が進められ、EF65PFが牽引することが多くなった。そうなると徐々に足も遠のき、撮影する機会も減っていった。

列車自体は、1988（昭和63）年3月の運転で終了し、客車「踊り子」は見られなくなった。

上・ロイヤルエンジン EF5861 が引く「踊り子 55 号」 東海道本線保土ヶ谷～戸塚 1984 年 9 月
下・EF58 に代わって EF65PF が先頭に立つようになった 東海道本線大船～藤沢 1987 年 4 月

185系200番台の転入と183系の撤退

東北新幹線の上野延伸によるダイヤ改正が1985（昭和60）年3月14日に実施された。東北新幹線が上野までやってきたことで、上野〜大宮間で運用されていた「新幹線リレー号」が廃止され、使用されていた185系200番台28両が「踊り子」に転用された。

転入する185系200番台は、そのままの7両編成で使用することとし、グリーン車の位置を4号車に変更した。塗色も検査で工場入場時に塗り替えることとしたため、しばらくの間は横ストラップの「踊り子」が見られた。

この185系200番台転入により183系は「あずさ」増発用に転属し、田町電車区から去っていった。

185系200番台が「踊り子」に転入し、0番台との併結列車も見られた　東海道本線品川〜大井町　1990年4月

上・東京駅乗り入れを果たした伊豆急2100系「リゾート踊り子」 東海道本線保土ヶ谷〜戸塚　1989年4月
下・伊豆急線内で交換する185系特急と2100系普通列車　伊豆急線稲梓　1986年4月

衝撃的な車両「リゾート21」のデビュー

1985（昭和60）年7月、伊豆急に展望室や海側を向いた座席など、いままでにない斬新な車両「リゾート21」がデビューした。使用する列車も普通列車というサービスぶりで、瞬く間に伊豆の人気列車となった。当初は伊東〜伊豆急下田間の伊豆急線内だけだったが、10月には熱海まで乗り入れるようになった。

ただ、この乗り入れは当初難航したと聞く。当時はまだ国鉄で、組合から運転中の姿を乗客から見られると気が散るということから、多くの路線で日中でも客室と乗務員室を隔てるカーテンが降ろされていた。「リゾート21」は、運転士の姿が丸見えになるため、当然乗り入れに難色を示した。ただ、国鉄の分割民営化が決まり、国鉄職員に意識も変わりつつあったため、意外と早い時期に熱海乗り入れが解禁された

翌年には第2編成も登場し、「リゾート21」を目当てにした乗客が熱海駅のホームに溢れかえる光景も見られるようになり、「踊り子」は影の薄い存在となった。

こうなると、「リゾート21」の東京駅乗り入れが要望されるのは当然の成り行きで、

1988（昭和 63）年のゴールデンウイークに、全車指定臨時快速「リゾートライナー 21」が東京〜伊豆急下田間で運転された。その年の夏からは臨時特急「リゾート踊り子」として、年間を通して土休日を中心に運転されるようになった。

「踊り子」の対抗策

これを見ていた国鉄も何とか対抗策を講じなくてはならない。そこで「踊り子」の始発駅を東京駅に限定せず、関東地区に広げ、埼玉や千葉からも乗り換えなしに伊豆に行ける列車の設定が行われた。

1985（昭和 60）年 10 月に、新宿発の臨時列車「踊り子 71 号」が、東京駅以外を始発駅とする初めての列車として運転された。ＪＲ移行後は 1987（昭和 62）年 10 月に前橋発の「モントレー踊り子」、1988（昭和 63）年 3 月からは「踊り子 5・16 号」を池袋発着に変更、1989（平成元）年 4 月には成田発の「ウイング踊り子」などが運転されたが、「リゾート 21」の対抗馬とはならず、抜本的な新型車両の投入へと繋がることになる。

池袋発の「踊り子」が山手貨物線を走る。背後には「ビアステーション恵比寿」で利用されていた客車が見える　山手線恵比寿〜目黒　1985 年 10 月

185系200番台の「踊り子」。転入後しばらくは横ストラップのまま活躍した　東海道本線根府川〜真鶴　1985年9月

「スーパービュー踊り子」登場

「リゾート21」の人気は衰えることなく、東京乗り入れでますます人気列車となっていた。「リゾート踊り子」が満席でも「踊り子」には余裕がある列車が多い状況が続き、ＪＲ東日本も対抗できる車両の投入に至った。

新特急車両251系は、リゾート地に向かう楽しさを与える車両として、先頭車はダブルデッカー、そのほかはハイデッカーとし、窓を大きくして伊豆の景色を思う存分楽しめるようにした。さらに、伊豆へはグループ利用も多いことから、セミコンパートメントも設置された。特に目を引くのは1号車と10号車で、1号車2階を展望室のあるグリーン車、1階に4人用個室とサロン室、10号車は1階に子供室が設けられた。

251系は、1990（平成2）年4月28日から「スーパービュー踊り子」として運転を開始した。始発駅も東京、新宿、池袋として、首都圏からの利用者の利便性が図られた。251系は4月からの運行だが、列車ダイヤは3月10日の改正で実施されていたので、それまでは185系が代走した。

「スーパービュー踊り子」の登場で、「踊り子」の列車号数が100番台に変更されたが、

上・新しいコンセプトで誕生した 251 系「スーパービュー踊り子」 東海道本線早川〜根府川　1992 年 4 月
下・伊豆の大海原を見ながら走る「スーパービュー踊り子」 伊豆急線片瀬白田〜伊豆稲取　1992 年 4 月

編成は、基本10両と附属5両の組み合わせで、7，10、12、15両と変化はなかった。

なお、「スーパービュー踊り子」の登場に合わせ、伊豆急も「リゾート踊り子」にグリーン車（ロイヤルボックス）を連結した「リゾート21ＥＸ」を1990（平成2）年3月から投入した。

「スーパービュー踊り子」の10号車に設置された子供室

「スーパービュー踊り子」の増発

251系2次車が増備され、1992（平成4）年3月14日ダイヤ改正で、新宿発着1往復と東京発着1往復の増発が行われ5往復に増発された。「踊り子」はその分の2往復が削減され、下り7本、上り8本となった。251系の増備で順次185系を置き換えるかと思われたが、増備はこれで終了し、185系はその後も「踊り子」や「湘南ライナー」「はまかいじ」などで運用が続けられた。

185系と251系のリニューアル

185系も登場から10年以上が過ぎたことからリニューアルを実施することになった。1995（平成7）年から新前橋電車区の200番台にリニューアルが行われ、普通車座席を転換リクライニングシートに交換、化粧板なども交換された。塗色も横ストラップからクリーム色をベースに赤、黄、グレーのブロックパターンに変わった。

1999（平成11）年からは、田町電車区の185系のリニューアルが開始され、同じく座席や化粧板が交換された。塗色は200番台と同じくブロックパターンだが、湘南色のオレンジと緑となった。

185系に続き、251系も2002（平成14）年からリニューアル工事が実施され、座席の交換などのほか、車体塗色がホワイトとエメラルドグリーンにブルーの帯に変更された。

リニューアルにより新塗装となった 185 系　東海道本線早川～根府川　2006 年 4 月

251 系もリニューアルにより塗色が変更された　東海道本線新子安　　2004 年 3 月

大宮総合車両所への統合

「踊り子」は、2001（平成13）年12月1日改正で1往復、2004（平成16）年3月13日改正で1往復が削減されたが、185系の10両、7両と5両編成に組みあわせは基本的に変わらず推移した。

大きな変化は、2013（平成25）年3月16日に、251系、185系が田町車両センター（旧田町電車区）から大宮総合車両センター（宮オオ）に転属したことだろう。高崎車両センター（旧新前橋電車区）の185系がすでに転入しており、同区に185系が集中配置となった。

高崎線で使用されていた185系と田町電車区の185系とは編成の向きが異なることから、高崎線用車両の方転を行い、グリーン車の位置も「踊り子」編成に合わせた。さらに、200番台は編成の組み換えや、一部のサロ185形を廃車にするなど、185系にも大きな変化が訪れた。

運用においては7両編成が、元々在籍していたＯＭ編成と共通運用となり、高崎線カラーや復刻特急色までも「踊り子」で見られるようになった。

大宮総合車両センターの185系は、田町の10両編成をA、7両編成をB、5両編成をC、高崎からの編成をＯＭと分けているが、編成の変更でB編成やOM編成の6両、B編成やC編成の4両が登場し、かなり複雑となっていた。

251系には変化はなく、「スーパービュー踊り子」として運用された。

斜めストラップの復活

「踊り子」登場時の緑ストラップは、リニューアルにより一度廃止されたが、2011（平成23）年7月に、踊り子号デビュー30周年を記念して1編成（A8）が登場時の斜めストライプで出場した。さらに翌年には5両編成（C1）も1編成が塗色を変更し、懐かしい姿を披露した。次回の入場までの姿かと思われたが、2014（平成26）年度に185系を全車斜めストライプに変更することとなった。

復刻塗装と思われていたのが正式となり、リニューアル時の塗装が逆に消えていくという逆転現象が起きたわけだ。それだけ、登場時の塗装の完成度が高かったのかもしれない。

東海道本線から伊豆箱根鉄道駿豆線に乗り入れる「踊り子」 東海道本線三島駅 2020年9月

新車両への置き換え

251系も185系もリニューアルを行ったとはいえ、製造から185系は40年、251系は30年となり、両形式の置き換えが行われることとなった。

これまでの「踊り子」は、中央本線の「あずさ」で使用していたE257系を機器更新と転用改造を施した2000番台を9両基本編成に、房総地区で使用している500番台を転用改造した2500番台5両編成を附属編成として置き換えることとした。

「スーパービュー踊り子」に変わるのは、新たなハイグレードな設備を持つ車両として、オールグリーン車のE261系8両編成を「サフィール踊り子」として2編成新製した。グリーン車をはじめ、プレミアムグリーン車やグリーン個室、カフェテリアが連結されている。

置き換えは2回に分けて行われ、2020（令和2）年3月14日ダイヤ改正で、「スーパービュー踊り子」を全廃し、「サフィール踊り子」を東京〜伊豆急下田間に臨時を含む2往復、新宿〜伊豆急下田間に臨時列車下り1本の運行を開始した。

「踊り子」は、全車両の置き換えとはいかず、東京〜伊豆急下田間3往復（臨時も含む）に9両編成のE 257系を投入した。185系は修善寺行の車両を併結した15両編成が4往復、10両編成が下り2本、上り3本で運用された。

ハイグレード車両の E261 系「サフィール踊り子」　東海道本線辻堂〜茅ヶ崎

「あずさ」から転用された E257 系　東海道本線東京駅　2020 年 9 月

まだ 185 系が残る結果となったが、E 257 系の転用改造が進んだことから、2021（令和 3）年 3 月 13 日ダイヤ改正で、すべての 185 系が置き換えられた。

「踊り子」編成の変遷

1981（昭和56）年10月1日～

◉踊り子

下り◆6021M（1号）・3031M（11号）・3037M（17号）　東京～伊豆急下田

上り◆3022M（2号）・6028M（8号）・3038M（18号）　伊豆急下田～東京

❶ ←伊豆急下田　　　東京→

1	2	3	4	5	6	7	8	9	10	
	◇◇				◇◇		◇◇			
クハ183-1000	モハ182-1000	モハ183-1000	サロ183-1000	サロ183-1000	モハ182-1000	モハ183-1000	モハ182-1000	モハ183-1000	クハ183-1000	南チタ

下り◆3023M～4023M（3号）・3025M～4025M（5号）・6033M～7033M（13号）・3035M～4035M（15号）　東京～伊豆急下田・修善寺

上り◆4024M～3024M（4号）・4030M～3030M（10号）・4034M～3034M（14号）・7040M～6040M（20号）　修善寺・伊豆急下田～東京

4024M～3024Mは修善寺・伊東～東京

❷ ←伊豆急下田・修善寺　　　東京→

1	2	3	4	5	6	7	8	9	10	11	12	13	14	15	
		◇				◇		◇					◇		
クハ185	モハ184	モハ185	サロ185	サロ185	モハ184	モハ185	モハ184	モハ185	クハ185-100	クハ185	サハ185	モハ184	モハ185	クハ185-100	南チタ

←　伊豆急下田～東京　→←　修善寺～東京　→

下り◆16027M(7号)・6029M（9号）・3039M（19号）　東京～伊豆急下田

上り◆3026M（6号）・6032M（12号）・6036M（16号）・3042M（22号）　伊豆急下田～東京

6027M・3039M・6032Mは東京～伊東

❸ ←伊豆急下田　　　東京→

1	2	3	4	5	6	7	8	9	10	
		◇				◇		◇		
クハ185	モハ184	モハ185	サロ185	サロ185	モハ184	モハ185	モハ184	モハ185	クハ185-100	南チタ

1985（昭和60）年3月14日～

◉踊り子

下り◆3025M～4025M（5号）・6033M～7033M（13号）　東京～伊豆急下田・修善寺

上り◆4024M～3024M（4号）・4034M～3034M（14号）・7040M～6040M（20号）　修善寺・伊豆急下田～東京

4024M～3024Mは修善寺・伊東～東京／185系15連。編成は2と同じ

下り◆6027M(7号)・6029M（9号）・3031M（11号）

上り◆3022M（2号）・6032M（12号）・3034M（14号）・6036M（16号）

6027M・6032Mは東京〜伊東／185系10連。編成は4と同じ

下り◆3023M〜4023M（3号）・3035M〜4035M（15号）・3039M（19号） 東京〜伊豆急下田・修善寺
上り◆3026M（6号）・4030M〜3030M（10号） 修善寺・伊豆急下田〜東京
3039Mは東京〜伊東

4 ←伊豆急下田・修善寺 東京→

1	2	3	4	5	6	7	11	12	13	14	15	
クハ185-200	モハ184-200	モハ185-200	サロ185-200	モハ184-200	モハ185-200	クハ185-300	クハ185	サハ185	モハ184	モハ185	クハ185-100	南チタ

← 伊豆急下田〜東京 →← 修善寺〜東京 →

下り◆6021M（1号）・3037M（17号） 東京〜伊豆急下田
上り◆6028M（8号）・3042M（22号） 伊豆急下田〜東京

5 ←伊豆急下田 東京→

1	2	3	4	5	6	7	
クハ185-200	モハ184-200	モハ185-200	サロ185-200	モハ184-200	モハ185-200	クハ185-300	南チタ

1988（昭和63）年3月13日

◉踊り子

下り◆3027M〜4027M（7号） 東京〜伊豆急下田・修善寺
上り◆3034M（14号）・4040M〜3040M（20号） 修善寺・伊豆急下田〜東京
185系15連。編成は2と同じ

下り◆3023M〜4023M（3号）・3035M〜4035M（15号）・3041M（21号） 東京〜伊豆急下田・修善寺
上り◆4024M〜3024M（4号）・3026M（6号）・4030M〜3030M（10号）・7042M〜6042M（22号）
修善寺・伊豆急下田〜東京
3041Mは東京〜伊東、3026Mは伊豆急下田〜東京で11〜12号車は東京〜熱海、4024M〜3024Mは修善寺・伊東〜東京、伊豆急下田／185系12連。編成は4と同じ

下り◆6021M（1号）・3025M（5号）・6029M（9号）・3031M（11号）・3033M（13号）・3039M（19号）・3043M（23号） 東京〜伊豆急下田
上り◆3022M（2号）・6028M（8号）・6032M（12号）・3036M（16号）・3038M（18号） 伊豆急下田〜東京
6029M・3031M・3043M・6032Mは東京〜伊東、3025M・3036Mは池袋〜伊豆急下田
185系10連。編成は3と同じ

上り◆3044M 伊豆急下田〜東京
185系7連。編成は5と同じ

1990（平成 2）年 4 月 28 日～

◉スーパービュー踊り子

下り◆ 12051M（51 号）新宿～伊豆急下田・2053M（53 号）池袋～伊豆急下田・2001M（1 号）東京～伊豆急下田

上り◆ 2002M（2 号）伊豆急下田～東京・2052M（52 号）伊豆急下田～池袋・2054M（54 号）伊豆急下田～新宿

❻ ←伊豆急下田　東京→

1	2	3	4	5	6	7	8	9	10	
クロ 250	サロ 251	モハ 250	モハ 251-100	モハ 250-100	モハ 251	モハ 250	モハ 251	サハ 251	クハ 251	東チタ

◉踊り子

下り◆ 3023M ～ 4032M（103 号）東京～伊豆急下田・修善寺

上り◆ 3032M（112 号）伊豆急下田～東京・4036M ～ 3036M（116 号）修善寺・伊豆急下田～東京

185 系 15 連。編成は 2 と同じ

下り◆ 3021M ～ 4021M（101 号）・6031M ～ 7031M（111 号）・3033M ～ 4033M（113 号）・3035M（115 号）　東京～伊豆急下田・修善寺

上り◆ 4024M ～ 3024M（104 号）・3026M（106 号）・4028M ～ 3028M（108 号）・7038M ～ 6038M（118 号）　修善寺・伊豆急下田～東京

4024M ～ 3024M は修善寺・伊東～東京、3035M・3026M は東京～伊豆急下田 11 ～ 12 号車は東京～熱海

185 系 12 連。編成は 4 と同じ

下り◆ 6025M（105 号）・3027M（107 号）・3029M（109 号）・3037M（117 号）　東京～伊豆急下田

上り◆ 3022M（102 号）・6030M（110 号）・3034M（114 号）　伊豆急下田～東京

6025M・6030M は東京～伊東

185 系 10 連。編成は 3 と同じ

上り◆ 3040M（120 号）　伊豆急下田～東京

185 系 7 連。編成は 5 と同じ

1992（平成 4）年 3 月 14 日～

◉スーパービュー踊り子

下り◆ 3051M（51 号）・3055M（55 号）新宿～伊豆急下田・3053M（53 号）池袋～伊豆急下田・3001M（1 号）・3003M（3 号）東京～伊豆急下田

上り◆ 3002M（2 号）・3004M（4 号）伊豆急下田～東京・3052M（52 号）・3056M（56 号）伊豆急下田～新宿・3054M（54 号）伊豆急下田～池袋

251 系 10 連。編成は 6 と同じ

◉踊り子

下り◆ 3021M ～ 4021M（101 号）・3023M ～ 4023M（103 号）・3031M ～ 4031M（111 号）　東京～伊

豆急下田・修善寺
上り◆ 4026M ～ 3026M（106 号）・4032M ～ 3032M（112 号） 修善寺・伊豆急下田～東京
185 系 15 連。編成は 2 と同じ

下り◆ 6029M ～ 7029M（109 号） 東京～伊豆急下田・修善寺
上り◆ 4022M ～ 3022M（102 号）修善寺・伊東～東京・7034M ～ 6034M（114 号） 修善寺・伊豆急下田～東京
4022M ～ 3022M は修善寺・伊東～東京
185 系 12 連。編成は 4 と同じ

下り◆ 6025M（105 号）・3027M（107 号）・3033M（113 号） 東京～伊豆急下田
上り◆ 3024M（104 号）・6028M（108 号）・3030M（110 号）・3036M（116 号） 伊豆急下田～東京
6025M・6028M は東京～伊東
185 系 10 連。編成は 3 と同じ

2001（平成 13）年 12 月 1 日～

◉スーパービュー踊り子

下り◆ 6051M（51 号）新宿～伊豆急下田・3053M（53 号）池袋～伊豆急下田・3001M（1 号）・6003M（3 号）・3005M（5 号）東京～伊豆急下田
上り◆ 3002M（2 号）・6004M（4 号）・3006M（6 号）伊豆急下田～東京・6054M（54 号）伊豆急下田～新宿・3052M（52 号）伊豆急下田～池袋
251 系 10 連。編成は 6 と同じ

◉踊り子

下り◆ 3021M ～ 4021M（101 号）・3023M（103 号）・3029M ～ 4029M（109 号） 東京～伊豆急下田・修善寺
上り◆ 7022M ～ 3022M（102 号）・4026M ～ 3026M（106 号）・3030M（110 号）・4032M ～ 3032M（112 号） 修善寺・伊豆急下田～東京
3023M・3030M は東京～伊豆急下田、11 ～ 15 号車は東京～熱海
185 系 15 連。編成は 2 と同じ

下り◆ 6025M ～ 8025M（105 号）・6031M ～ 7031M（111 号） 東京～伊豆急下田・修善寺
上り◆ 3024M（104 号）伊東～東京・8038M ～ 6038M（108 号）修善寺・伊豆急下田～東京
185 系 12 連。編成は 4 と同じ

下り◆ 3027M（107 号） 東京～伊豆急下田
185 系 10 連。編成は 3 と同じ

上り◆ 6034M（114 号）伊豆急下田～東京
185 系 7 連。編成は 5 と同じ

2004（平成16）年3月15日～

◉スーパービュー踊り子

下り◆6051M（51号）新宿～伊豆急下田・3053M（53号）池袋～伊豆急下田・3001M（1号）・6003M（3号）・3005M（5号）・3007M（7号）東京～伊豆急下田

上り◆3002M（2号）・6004M（4号）・3006M（6号）伊豆急下田～東京・6054M（54号）伊豆急下田～新宿・3052M（52号）伊豆急下田～池袋

251系10連。編成は6と同じ

◉踊り子

下り◆3021M～4021M（101号）・3023M（103号）・3027M～4027M（107号）　東京～伊豆急下田・修善寺

上り◆7022M～3022M（102号）・4026M～3026M（106号）・3030M（110号）・4032M～3032M（112号）　修善寺・伊豆急下田～東京

3023M・3030Mは東京～伊豆急下田、11～15号車は東京～熱海

185系15連。編成は2と同じ

下り◆6025 M～8025M（105号）・6029M～7029M（109号）　東京～伊豆急下田・修善寺

上り◆3024M（104号）伊東～東京・8038M～6038M（108号）　修善寺・伊豆急下田～東京

185系12連。編成は4と同じ

上り◆6032M（112号）伊豆急下田～東京

185系7連。編成は5と同じ

2007（平成19）年3月18日～

◉スーパービュー踊り子

下り◆3053M（3号）池袋～伊豆急下田・3005M（5号）・3007M（7号）・6009M（9号）・3011M（11号）東京～伊豆急下田

上り◆3002M（2号）・6004M（4号）・3006M（6号）・3008M（8号）・3050M（10号）伊豆急下田～池袋・6052M（12号）伊豆急下田～新宿

251系10連。編成は6と同じ

◉踊り子

下り◆3021M～4021M（101号）・3023M（103号）・3027M～4027M（107号）　東京～伊豆急下田・修善寺

上り◆7022M～3022M（102号）・4026M～3026M（106号）・3030M（110号）・4032M～3032M（112号）　修善寺・伊豆急下田～東京

3023M・3030Mは東京～伊豆急下田、11～15号車は東京～熱海

185系15連。編成は2と同じ

下り◆3025M～4025M（105号）・3027M（107号）・3035M～4035M（115号）　東京～伊豆急下田・修善寺

上り◆3022M（102号）・3024M（104号）・4028M～3028M（108号）・4036M～3036M（116号）　修善寺・

伊豆急下田〜東京

上り◆ 3022M（102号）・3024M（104号）・4028M 〜 3028M（108号）・4036M 〜 3036M（116号） 修善寺・伊豆急下田〜東京

3027M・3022Mは東京〜伊豆急下田、11〜15号車は東京〜熱海、3024Mは伊東〜東京

185系12連。編成は4と同じ

上り◆ 6038M（118号）伊豆急下田〜東京

185系7連。編成は5と同じ

2020（令和2）年3月14日

◉サフィール踊り子

下り◆ 3001M（1号）・8003M（3号）東京〜伊豆急下田・8015M（5号）新宿〜伊豆急下田

上り◆ 3002M（2号）・8004M（4号） 伊豆急下田〜東京

7 ←伊豆急下田　　東京→

1	2	3	4	5	6	7	8	
		〉		〈 〉		〉		
クロ E260	モロ E260-100	モロ E262-100	サシ E261	モロ E261	モロ E260	モロ E261-200	クロ E261	宮オオ

◉踊り子

下り◆ 8061M（1号）・3027M（7号）・3035M（15号） 東京〜伊豆急下田

上り◆ 3024M（4号）・8026M（6号）・3068M（18号） 伊豆急下田〜東京

8061Mは新宿〜伊豆急下田、8026Mは伊豆急下田〜池袋

8 ←伊豆急下田　　東京→

1	2	3	4	5	6	7	8	9	
		〈			〈		〈		
クハ E256-2000	モハ E256-2100	モハ E257-2100	サロ E257-2000	サハ E257-2000	モハ E257-3000	モハ E256-2000	モハ E257-2000	クハ E257-2100	宮オオ

下り◆ 3023M 〜 4023M（3号）・8029M 〜 8079M（9号）・3033M 〜 4033M（13号）・8037M 〜 8087M（17号） 東京〜伊豆急下田・修善寺

上り◆ 8072M 〜 8022M（2号）・4028M 〜 3028M（8号）・8082M 〜 8032M（12号）・4036M 〜 3036M（16号） 修善寺・伊豆急下田〜東京

8072M 〜 8022Mは修善寺・伊東〜東京

185系15連。編成は2と同じ

下り◆ 3065M（5号）・8031M（11号） 東京〜伊豆急下田

上り◆ 3030M（10号）・8034M（14号）・8040M（20号） 伊豆急下田〜東京

3065Mは新宿（池袋）〜伊豆急下田、

185系10連。編成は3と同じ

2021（令和 3）年 3 月 13 日〜

◉サフィール踊り子

下り◆ 3001M（1 号）・8003M（3 号）東京〜伊豆急下田・8015M（5 号）新宿〜伊豆急下田

上り◆ 3002M（2 号）・8004M（4 号） 伊豆急下田〜東京

E261 系 8 連。編成は 7 と同じ

◉踊り子

下り◆ 3023M 〜 4023M（3 号）・8029M 〜 8079M（9 号）・3033M 〜 4033M（13 号）

上り◆ 4028M 〜 3028M（8 号）・8082M 〜 8032M（12 号）・4036M 〜 3036M（16 号）

❾ ←伊豆急下田・修善寺　　東京→

1	2	3	4	5	6	7	8	9	10	11	12	13	14
クハ E256-2000	モハ E256-2100	モハ E257-2100	サロ E257-2000	サハ E257-2000	モハ E257-3000	モハ E256-2000	モハ E257-2000	クハ E257-2100	クハ E256-2500	モハ E257-3500	モハ E256-2500	モハ E257-2599	クハ E257-2500

← 伊豆急下田〜東京 →← 修善寺〜東京 →

下り◆ 8061M（1 号）・3065M（5 号）・3027M（7 号）・8031M（11 号）・3035M（15 号）・8037M（17 号） 東京〜伊豆急下田

上り◆ 8022M（2 号）・3024M（4 号）・8026M（6 号）・3030M（10 号）・8034M（14 号）・3068M（18 号）・8040M（20 号） 伊豆急下田〜東京

8061M・3065M・3068M は新宿（池袋）〜伊豆急下田、8022M は伊東〜東京

E257 系 9 連。編成は 8 と同じ

小田急 7000 形と並ぶ 185 系　東海道本線小田原　1990 年 9 月

伊豆の最新特急「サフィール踊り子」

Profile

結解 学◉けっけ・まなぶ

学生時代より、鉄道、旅、写真に魅せられ、全国の鉄道を撮り歩く。大学卒業後にプロの写真家となり、海外取材も100回以上に達する。主な著書に『写真で振り返るＪＲダイヤ改正史』（飛鳥出版、共著）、『テツは熱いうちに撮れ！』（交通新聞社）、『数字で斬る！新幹線』（ネコ・パブリッシング）『東京の鉄道の謎を探る　歴史と文化とミステリー！』『鉄道なんでも日本初！』『鉄道趣味の基礎知識　車両編』（以上　天夢人、共著）　ほか多数。日本写真家協会会員（JPS）

参考文献■
時刻表各号（日本交通公社・JTBパブリッシング）／JR時刻表（交通新聞社）
列車名変遷大辞典（ネコ・パブリッシング）／国鉄電車編成表各号（JRR）
JR電車編成表各号（JRR）／名列車列伝シリーズ各号（イカロス出版）

編集　揚野市子（「旅と鉄道」編集部）
デザイン　ロコ・モーリス組
編集協力　結解喜幸

名列車編成表 はつかり・雷鳥・あずさ・しなの・踊り子

2023年12月21日　初版第1刷発行

著　者　結解 学
発行人　藤岡 功
発　行　株式会社 天夢人
〒101-0051　東京都千代田区神田神保町1-105
https://www.temjin-g.co.jp/
発　売　株式会社 山と溪谷社
〒101-0051　東京都千代田区神田神保町1-105
印刷・製本　シナノパブリッシングプレス

◎内容に関するお問合せ先
「旅と鉄道」編集部　info@temjin-g.co.jp　電話03-6837-4680
◎乱丁・落丁に関するお問合せ先
山と溪谷社カスタマーセンター　service@yamakei.co.jp
◎書店・取次様からのご注文先
山と溪谷社受注センター　電話048-458-3455　FAX048-421-0513
◎書店・取次様からのご注文以外のお問合せ先
eigyo@yamakei.co.jp

Printed in Japan
ISBN978-4-635-82541-2